Justina Lempe

Mein Hund mein Freund

Das Trainingsbuch für Jugendliche

Inhalt

Übungen

Hallo zukünftiger oder bereits glücklicher Hundebesitzer!

Schön, dass du dieses Buch in deinen Händen hältst (und auch liest), weil du anscheinend etwas über Hunde erfahren möchtest. Etwas Faszinierendes, Hilfreiches und Spannendes. Etwas, dass dir viel Freude bereiten wird. Eben etwas, über dein Leben mit deinem Hund.

Als junger Hundebesitzer hat man es nicht immer ganz leicht – glaub mir, ich spreche aus Erfahrung. Du stolperst oft, kämpfst dich durch Auseinandersetzungen mit deinem Hund, anderen Menschen und dir selbst. Verlierst manchmal die Lust, deinen Mut oder die Motivation.

Aber trotzdem weißt du: Du hast etwas ganz Besonderes. Einen kleinen Begleiter, der dir in den nicht immer ganz leichten Teenagerjahren zur Seite steht, egal was kommt. Der jede Höhe und Tiefe mit dir durchsteht. Der immer bei dir sein wird, in deinem Zimmer auf dich wartet und mit dir lacht, aber auch mit dir weint. Deinen eigenen Hund!

Ich wünsche mir, dass dieses Buch dir und deinem Hund auf eurer Reise behilflich sein wird. Euch beide in ganz besonders schönen Momenten und bei Erfolgserlebnissen begleiten wird, dir aber auch hoffentlich bei einigen Problemen Rat geben kann. Was dieses Buch nicht kann: Euch die Erfahrungen ersparen, denn jede einzelne ist wertvoll für euer Mensch-Hund-Team.

Ich hoffe, dass du am Ende eurer Reise zurückblicken kannst auf viele wunderschöne Erlebnisse, aber auch auf ein paar schwere Momente, aus denen du jedoch gestärkt hervorgegangen bist, einen Schritt näher bei dir selbst – und immer mit vier stärkenden Pfoten im Rücken.

Deine Justina (und Vargen)

Du und dein Hund

Für jeden Menschen gibt es den passenden vierpfotigen Begleiter!

Du und ein Hund? - Ein Plan muss her!

Seit Jahrtausenden schon begleiten Hunde die Menschen und heute, wo sie eher selten zur Arbeit gebraucht werden, wünschen sich vor allem wir Jüngeren einen Hund.

UM HERAUSZUFINDEN, OB EIN HUND IN DEIN LEBEN PASST, habe ich einen einfachen Tipp: Fülle einen Hundekalender aus! Schreibe eine Woche auf ein Blatt Papier und trage ein, was ein Hund deiner Meinung nach jeden Tag erleben sollte, um glücklich zu sein. Sei dabei ganz ehrlich zu dir selbst – aus Liebe zu deinem vielleicht zukünftigen Begleiter! Wenn in deinem Plan zum Beispiel steht, jeden Tag eine Stunde Gassi zu gehen, dann überlegst du ab sofort immer, wenn du aus der Schule kommst: „Hätte ich jetzt noch die Kraft, Zeit und Lust, eine Stunde mit meinem Hund nach draußen zu gehen?" Und denkst du, ein schönes Hundeleben ist, am Samstagmorgen in die Hundeschule zu gehen und mit den Kumpels herumzutollen? Dann frage dich mal Samstagmorgen um 7 Uhr, ob du Lust hättest aufzustehen. Wenn du das alles mit „Ja" beantworten konntest, probiere es doch einmal konkret aus: Mach es wirklich, stehe auf, geh raus – noch ohne Hund. Und auch das Gassigehen kannst du ruhig einmal eine Woche lang ausprobieren – natürlich ist das mit einem Hund um einiges cooler, trotzdem bekommst du ein gutes Gefühl dafür. Übrigens: Solch ein Wochenplan-Test klappt natürlich mit jedem Tier oder auch einem anderen Hobby, das du dir zulegen möchtest.

Den Plan solltest du auch ausfüllen, wenn du schon einen Hund hast. Kopiere ihn dreimal. Den einen Plan füllst du so aus, wie du denkst, dass es gut für deinen Hund wäre. Den zweiten so, wie es im Moment ist. Jetzt schaust du dir die beiden an und stellst den dritten Plan auf: Probiere, eine Balance zwischen beiden zu finden und dich dann über die nächsten Monate dem ersten Plan anzunähern.

Hebe die Pläne auf, nach ein paar Monaten kannst du schauen, wie sich dein Wochenplan entwickelt hat. Das Planen hilft außerdem, sich selbst zu kontrollieren. Wenn sich Routine eingeschlichen hat, verliert man schnell den Überblick darüber, wie viel Auslastung der Hund wirklich hat. Ideen zur Stundenplan-Gestaltung findest du im Kapitel „Ein richtiges Hundeleben!" ab Seite 61.

Erwachsene sind für dich da, wenn du mal Unterstützung brauchst.

Älter, weiser, besser ...?

Die Großen haben zwar schon mehr Erfahrung und Wissen, das du bei Bedarf nutzen kannst, aber davon solltest du dich nicht verunsichern lassen.

WENN DU ZU DEN GLÜCKLICHEN GEHÖRST, die schon einen Hund haben, dann kann ich dir eines schon mal sagen: Die Erwachsenen mögen zwar mehr Erfahrung haben als wir und haben sich auch schon mehr Wissen angeeignet, aber zu den besseren Hundebesitzern macht sie das noch lange nicht. Gerade die Tatsache, dass du ein unbeschriebenes Blatt bist was Hundeerziehung angeht, ist ein großer Vorteil für dich, wenn du mit deinem eigenen Hund trainierst.

Das ist, was junge Hundebesitzer besonders, aber leider auch „gefährdet" macht. Es gibt unglaublich viele Meinungen, Tipps, Erziehungsarten und Hundebücher. Jeder Hundebesitzer wird dir irgendeinen Tipp geben können, wie du mit deinem Hund umgehen solltest. Leider sind einige Menschen dabei ganz schön aufdringlich. Deshalb musst du etwas ganz Wichtiges lernen: Du musst eigene Entscheidungen für deinen Hund treffen – und Nein sagen!

Ein Beispiel: Wenn mir jemand erzählt, wie toll Agility ist und wie viel Spaß sein Hund dabei hat, dann hat er damit zu 100 % recht. Dass Agility toll ist, ist also ein Tipp – so weit, so gut. Was aber, wenn ich diesen Tipp bekomme, ich aber genau weiß, dass meine Hündin Vargen Agility blöd findet? Ja genau, ich gehe auf keinen Fall mit Vargen zum Agility. Ich gehe mit ihr lieber zum Schwimmen, weil sie das liebt. Im Umkehrschluss würde jemand seinen Mops auch nicht ins Wasser schmeißen, nur weil Vargen so viel Spaß daran hat. Klingt logisch für dich, oder? Leider ist es das in der Realität nicht immer auf den ersten Blick.

Es scheint, dass jeder Mensch, der dir und deinem Hund begegnet, Tipps hat. Jeder einzelne hat seine Vorstellungen, Erfahrungen und Ideen und die behält er manchmal für sich – sehr oft möchte er dir seine Tipps aber weitergeben. Das geschieht nicht, um dich zu ärgern, sondern ist gut gemeint. Das solltest du immer im Hinterkopf behalten.

Am allerliebsten geben Erwachsene ihre Tipps an junge Hundebesitzer. Das ist ja auch verständlich, oder? Kinder lernen immerhin von ihren Eltern. Auf dem Hundeplatz erlebt man aber leider oft, dass die Jüngeren in eine Art Teufelskreis geraten. Stell dir einen kleinen Jungen mit seinem Welpen vor. Er möchte eigentlich nur *Sitz* üben, aber es entsteht ein kleines Desaster. Viele andere stehen um ihn herum und verschiedene Tipps fliegen durch die Luft: „Du musst den Po runterdrücken!“, „Das Leckerli über die Nase halten!“, „Ah, er will dich dominieren, setz dich durch!“, „Er ist abgelenkt! Mach was anderes!“ – jetzt sind Junge wie auch Welpe völlig verwirrt. Vielleicht sagt der Junge etwas wie „Ist es so richtig?“ und hört sowohl „Nein“ als auch „Ja“ – du meine Güte, Erwachsene können schon nerven, oder? Es gibt jetzt zum Glück eine gute Nachricht: Du kannst und wirst lernen, wie du mit zwanzig schreienden Tippgebern umgehen kannst und – viel wichtiger – unabhängig von ihnen deinen eigenen Weg findest. (Hoffen wir trotzdem, dass du nie in eine Situation mit zwanzig „Besserwissern“ kommst.)

Team meint einen Menschen mit seinem Hund. Du und dein Hund, ihr seid also ein Team.

Ein Tipp ist immer der richtige

Aber wie findet man ihn? Sei dir zunächst bewusst, dass es für jedes Team einen anderen richtigen Tipp gibt – und wenn es nur kleine Abweichungen sind, die den Unterschied machen. Es gibt keine 08/15-Anleitung, was genau du machen musst, damit EIN Hund sich hinsetzt. Aber es gibt eine Anleitung, wie DEIN Hund sich hinsetzt! Ab jetzt ist alles eine Frage des Feingefühls.

Die passenden Tipps erkennen – und darauf aufbauen

1. **Alle Tipps sammeln, die du kriegen kannst.** Du willst sie alle! (Siehst du, jetzt ist es sogar praktisch, dass Erwachsene gerne mit ihnen rumschmeißen.)

2. **Aussortieren!** Aussortieren ist der Teil, den ich „mit dem Herzen entscheiden" nenne. Es werden dir viele Methoden begegnen, bei denen du ein komisches Gefühl haben wirst. Unterdrück das nicht! Es geht darum, „Nein" zu sagen, wenn dir etwas komisch vorkommt. Wenn alle anderen in der Hundeschule ihre Hunde kurz an der Leine rucken, damit sie aufhören zu ziehen, aber du ein komisches Bauchgefühl, ein schlechtes Gewissen hast oder fühlst, dass das einfach falsch ist, dann mach es nicht! Egal, ob der Trainer dir gute Ergebnisse zeigt oder sonstwie versucht, dich zu überzeugen. Lass es sein!

Du solltest alles hinterfragen, was du in Sachen Hundeerziehung hörst – auch das, was du in diesem Buch lesen wirst. Wenn du dir unsicher bist, recherchiere! Das letzte Wort hat aber immer dein Hund. Lass dir nichts erzählen: Egal, wie viel mehr Erfahrung die Erwachsenen mit ihren Hunden haben, mit deinem haben sie gar keine!

Die Tipps, die übrig geblieben sind, sind schon dein Grundgerüst. Wie gesagt gibt es keine Anleitung, die du einfach übernehmen kannst. Trotzdem musst du dir nichts völlig neues ausdenken. Stell dir eine Pyramide vor: Den Tipp, mit dem du übereinstimmst und dich wohlfühlst, nimmst du als unterste Ebene; an der Spitze steht dein Hund, wie er das zeigt, was du erreichen willst.

Beginn einfach so zu trainieren, wie es der Grundtipp vorgibt. Während des Trainings wirst du selbst automatisch das abändern, was abgeändert werden muss. Das Training kannst du dir wie eine Spirale nach oben vorstellen: Du agierst, er reagiert darauf, du reagierst auf seine Reaktion ... und so weiter.

Du bist jetzt der Chef

Du bist der- oder diejenige mit dem knurrenden, hochspringenden und Essen stibitzenden Flauscheball – du hast die Verantwortung! Was will ich damit sagen? Kennst du das, wenn du bei Freunden zu Besuch bist, die auch einen Hund haben – und plötzlich lösen sich alle die Regeln, die zu Hause für deinen

Hund gelten, in Luft auf? Dem Hund deiner Freunde erlaubst du Sachen, daran dürfte dein Hund nicht mal im Traum denken – deinen Besuchern geht es also genauso. Aber: Die Konsequenzen für das Verhalten deiner Freunde deinem Hund gegenüber trägst du! Klingt hart, ist aber so.

Du musst dich also zu einem Kontrollfreak entwickeln! Egal, wo dein Hund ist und vor allem mit wem: Habe ihn immer im Auge! Wenn deine ganze Familie deinen Hund vom Tisch füttert, wird er beginnen zu betteln. Wenn dich das nicht stört, ist alles in bester Ordnung. Stört es dich aber, musst du mit deiner Familie darüber reden! Genauso ist es deine Aufgabe, zu kontrollieren, mit wem er überhaupt Umgang hat: mit welchen Fremden, aber auch mit welchen deiner Freunde.

Du solltest das Allerspannendste für deinen Hund sein, egal, was kommt.

Sag, was dir nicht gefällt

Mache dir Gedanken über die Konsequenzen des Verhaltens der anderen. Wenn dir etwas nicht gefällt, sage es ihnen. Versuche ruhig und freundlich zu bleiben. Du musst nicht erklären warum. Ein „Vargen darf keine Leckerlis von Besuchern bekommen!“ reicht aus. Wenn der Besuch dann nachfragt, erkläre ich natürlich, dass wir gerade trainieren, ihr das Betteln abzugewöhnen oder was auch immer, aber kurze eindeutige und freundliche Anweisungen haben sich bewährt. Deinem Hund kannst du auch zeigen, dass du sein Verhalten (Leckerlis von Besuch nehmen) schlecht findest. Sei dabei ganz lieb und vorsichtig. Dein Hund ist ja praktisch der Verführte. An erster Stelle müssen sich immer die Menschen ändern.

Ein paar konkrete Tipps

Die wichtigsten Regeln schreibst du auf ein Blatt und hängst es für deine Familie an den Kühlschrank oder woanders hin, wo es jeder sieht. Das könnte zum Beispiel sein: „Nicht vom Tisch füttern“, „Ignorieren, wenn er hochspringt“ oder „Kein Signal zweimal geben“. Draußen über der Klingel kann sich ein „Hund bitte ignorieren!“-Schild bewähren, falls du deinem Hund das Hochspringen abgewöhnen möchtest. Hab keine Angst, den anderen zu sagen, was du dir von ihnen wünschst und wie sie mit deinem Hund umgehen sollen.

Und dann gibt es noch die ganz Nervigen, die deinem Hund einfach Signale geben – und dann auch noch falsch: *„Platz, Platz, Plaaaatz, Sitz, Platz.“* Oder ein anderes Beispiel: Vargen kennt *Aus*, um etwas fallen zu lassen. Nicht selten kommt es vor, dass jemand immer wieder *„Aus!“* sagt, während sie bellt. Klar, dass Vargen dann verwirrt ist. So etwas ist gefährlich, da Signale sich neutralisieren, wenn sie für den Hund keinen Sinn mehr ergeben (mehr dazu erfährst du auf Seite 23; klassische Konditionierung) Traue dich, diese Menschen zu bitten, ihr Verhalten zu ändern!

Verständnis

Für deine Familie und andere Erwachsene ist es wirklich komisch, dass du plötzlich so viele Regeln aufstellst und Anweisungen gibst. Sei also nachsichtig mit ihnen. Du musst dich nicht bei jedem Fehler aufregen. Fünfmal vom Tisch füttern wird dein Hund verkraften. Bleib einfach ruhig und hab Verständnis für die anderen. Es dauert eine Weile, aber sie geben ihr Bestes. So perfekt wie du mit deinem Hund umgehst, kann es sowieso niemand anderes jemals schaffen.

Du und dein Hund: Eine Freundschaft, die ein Leben lang halten wird.

Gib niemals auf!

Hundebesitzer zu sein ist manchmal schwer, doch für jedes Problem gibt es auch eine Lösung.

DIE VERANTWORTUNG FÜR EINEN HUND ZU ÜBERNEHMEN, IST TOLL – aber auch eine ganz schön große Aufgabe. Jeder kommt mal an einen Punkt, an dem er mit dieser Aufgabe überfordert ist.

Sieh jeden Tag mit deinem Hund als eine kleine Reise; jeden Abend kommt ihr an. Jeden neuen Tag kannst du von vorne beginnen. Wenn es also heute mal nicht so gut geklappt hat, dann machst du es morgen einfach besser. Setz dich nicht unter Druck. Du bist schon jetzt der beste Besitzer, den dein Hund sich wünschen könnte – und dein Hund ist der tollste Hund, den du überhaupt haben könntest. Genau jetzt hilft er dir mit all seinen Macken und allem, was dich stört, an deiner Aufgabe zu wachsen.

Gewalt ist ein schwieriges Thema, weil sich schwer definieren lässt, wo sie beginnt. Ist ein Maul zuhalten, damit der Hund aufhört zu bellen, schon Gewalt oder noch nicht? An der Leine rucken? Es wird vorkommen, dass du wütend bis zum Platzen bist, weil dein Hund irgendetwas total Bescheuertes gemacht hat. Weißt du was? Das ist normal. Die noch so größten Trainer verlieren manchmal die Geduld. Und auch wenn niemand darüber spricht, manchmal passiert es, dass du in solch einer Situation deinem Hund einen kleinen Tritt versetzt oder fürchterlich anschreist, ihm also einfach wehtust.

Du musst deshalb kein schlechtes Gewissen haben und dich für einen schlechten Menschen halten. Verwende deine Energie lieber darauf, dass so etwas nicht noch einmal passiert!

Dein Hund wird immer wieder Dinge machen, die dich auf die Palme bringen. Das nächste Mal gehst du einfach ganz weit weg. Wenn du draußen bist, bindest du ihn solange an einer Laterne an und gehst ein Stück weg. Und schreie rum oder renne oder werfe mit Sachen. Und wenn du dich beruhigt hast, gehst du zurück. Nimm deinen Hund in Gedanken ganz doll in den Arm und denke: „Danke, dass du mir einen Grund gegeben hast, mich mal abzureagieren.“ oder „Du bist echt blöd, aber ich mag dich trotzdem.“

So lernt dein Hund

Wie Hunde lernen

Die Antwort auf die Frage, wie Hunde lernen, und somit auch auf die, wie dein Hund lernt, ist der Schlüssel zu einer erfolgreichen Ausbildung.

DU MUSST NICHT GLEICH EIN HUNDEPSYCHOLOGE WERDEN, es reicht, dieses Kapitel zu lesen. Du wirst trotzdem schnell mehr lesen wollen, Hundeverhalten ist alles andere als trockene Theorie. Leider wird in Hundeschulen zwar erklärt, was der Hund lernen soll, aber nicht wie er es lernt, warum und überhaupt unter welchen Voraussetzungen.

Dieses theoretische Wissen ist wichtig für jeden Menschen, der mit Hunden in Kontakt kommt. Es hilft dir ...

- zu verstehen, warum sich dein Hund so verhält, wie er sich verhält.
- Fehler im Training zu finden und richtig zu korrigieren.

- effektiver zu trainieren.
- Trainingsmethoden kritisch zu beurteilen.

Jederzeit zu wissen, was im Kopf deines Hundes vor sich geht, wäre schon cool, oder? Genau zu wissen, warum er gekommen oder auch nicht gekommen ist, als du gerufen hast. Und sogar vorher zu prophezeien, ob er kommen wird. Das alles kannst du haben! Dafür musst du nicht erst einen Wahrsager aufsuchen ...

Wie Hunde lernen ist ein spannendes Thema, dem sich bereits viele Forscher angenommen haben. Viele Tiere mussten durch unzählige Labyrinthe laufen, sich aus Käfigen befreien und die Namen von Kuscheltieren zuordnen. Einer dieser Forscher war ein Mann namens Ivan Pawlow. Und einige dieser Tiere waren die sogenannten Pawlowschen Hunde. Anfang des 20. Jahrhunderts wollte Ivan Pawlow eigentlich nur das Verdauungssystem bei Hunden erforschen. Er fing den Speichel der Hunde auf, um ihn zu untersuchen. Die Hunde sabberten, weil ihnen Futter vor die Schnauze gehalten wurde. Durch Zufall fiel Pawlow auf, dass die Hunde nach einigen Malen bereits sabberten, wenn der Assistent, der ihnen immer das Futter brachte, in Sicht kam. Daraufhin änderte er seine Versuche mit den Hunden. Vor der Fütterung klingelte Pawlow mit einem Glöckchen. Glöckchen haben für Hunde normalerweise keine Bedeutung, aber es dauerte nicht lang, da sabberten die Hunde bereits, wenn sie nur das Glöckchen hörten. Bevor du weiterliest, überlege, was das bedeuten könnte!

Klassische Konditionierung – Lernen von Zusammenhängen

Bist du darauf gekommen, dass eine Art Verbindung zwischen der Glocke und dem Futter entstanden sein muss? Das geht in die richtige Richtung. Die klassische Konditionierung ist eine Form des Lernens, in der es um das Lernen von Zusammenhängen geht.

Das Futter ist ein unkonditionierter Reiz. Unkonditioniert bedeutet, dass etwas nicht erlernt ist. Auf Futter folgt Sabbern. Sabbern ist die unkonditionierte Reaktion. Sabbern ist also nicht erlernt, es passiert einfach so, ganz natürlich. Läutet man jetzt immer kurz vor dem Futter eine Glocke, so fängt der Hund nach mehreren Wiederholungen an zu sabbern, wenn er die Glocke hört. Die Glocke war zuvor bedeutungslos, aber nun kündigt sie Futter an. Sie ist jetzt ein konditionierter Reiz. Das Sabbern, das auf die Glocke folgt, heißt konditionierte Reaktion.

Mithilfe der klassischen Konditionierung lernen Lebewesen etwas über die Zusammenhänge bestimmter Ereignisse in ihrer Umgebung. Und was bringen dir Pawlows Ergebnisse nun?

Der Click kündigt Vargen ein Leckerli an.

Das Clicker-Training

Ein Clicker ist eine Art kleiner Knackfrosch, mit einem Knopf oder einer Metallscheibe, die klickt. Wie ein Kugelschreiber, nur lauter.

Das Clicker-Training ist eine Trainingsmethode aus den USA. Was macht diese Trainingsmethode so besonders?

- Das Clicker-Training ist universal einsetzbar, es eignet sich für die Grunderziehung genauso wie für Tricks.
- Es ist eine präzise Verstärkung; das bedeutet, du kann auf die Sekunde genau das Verhalten verstärken, das du dir von deinem Hund wünschst.
- Dir unterlaufen weniger Fehler, wie zum Beispiel zu spätes Loben oder das Benutzen verschiedener Lobwörter.
- Du kannst auch aus der Entfernung verstärken.

Sekundenregel: Du hast eine Sekunde Zeit, um Verhalten zu belohnen oder zu bestrafen. Dauert es länger, kann der Hund sein Verhalten und deine Reaktion darauf nicht mehr in Verbindung bringen.

Wie funktioniert das Clicker-Training nun? Verhalten ist abhängig von seinen Konsequenzen. Folgen angenehme Konsequenzen, wie Futter, zeigt der Hund das Verhalten häufiger. Folgen unangenehme, wie ein enttäuschter Blick, zeigt der Hund das Verhalten seltener. Für ein Verhalten, das wir häufiger sehen möchten, könnten wir also jedes Mal Futter geben. Es gibt allerdings Situationen, in denen das richtige Timing schwer ist. Wir möchten unserem Hund zum Beispiel beibringen, nicht hochzuspringen, wenn Besuch kommt. Das Verhalten, das wir sehen möchten, ist „alle Pfoten auf dem Boden“. Natürlich ist der kleine Gastgeber so aufgeregt, dass die Zeit, in der die Pfoten am Boden sind, sehr kurz ist – zu kurz, um zu loben, geschweige denn Futter zu geben.

In unserer Beispielsituation ist eine Sekunde Reaktionszeit viel zu kurz. Wir bräuchten eine schnelle, präzise Reaktion. Wie einen Clicker. Den Clicker stellst du dir vor wie einen Fotoapparat. Das Verhalten, das du „festhalten" möchtest, fotografierst du und drückst schnell den Auslöser. Das Bild, das du machst, sieht dein Hund sich an und denkt: „Aha! So soll das also aussehen!" Aber woher weiß der Hund, dass dieses Geräusch bedeutet „Genau das möchte ich wieder sehen!"?

Am Anfang gar nicht. Ein Click ist ein Geräusch wie jedes andere auch. Ein bedeutungsloses Geräusch ... Hmm, das kommt dir bekannt vor, oder? Was würde wohl passieren, wenn auf einen Click immer ein Leckerli folgen würde? Genau! Dein Hund lernt schnell, was Clicken heißt, nämlich, dass es gleich ein Leckerli gibt. Ein Leckerli ist etwas Schönes, ein Leckerli gibt es bei einem Click – also mache ich das, wofür ich einen Click bekomme. Gar nicht so kompliziert, oder? Und das erklären wir jetzt noch deinem Hund!

Übung

DEIN HUND LERNT CLICKERN

In der Fachsprache heißt das „den Hund auf den Clicker konditionieren". Aus dem Clicker soll ein konditionierter Reiz werden. Der Hund lernt jetzt, was der Click bedeutet. (Bei dieser Trainingsstunde darfst du nebenbei sogar Fernsehen gucken.)

1. Gib deinem Hund ein Leckerli, damit er sieht, dass du etwas hast.
2. Halte den Clicker hinter deinen Rücken. Von Zeit zu Zeit clickst du mit der einen Hand und gibst deinem Hund sofort (!) ein Leckerli aus deiner anderen Hand. Denk an die Sekundenregel!
3. Achte darauf, womit der Hund das Leckerli verknüpft. Wenn du deine Leckerlihand schon vor dem Click ein wenig bewegst, ist das das Zeichen für ihn – so sollte es nicht sein. Nur der Click darf das Leckerli ankündigen!
4. Wiederholen. Probiere, nicht in einen Rhythmus zu verfallen, sonst durchschaut dich dein Hund und ignoriert den Click.

Wiederhole die Übung, bis dein Hund dich auf den Click hin erwartungsvoll ansieht, dann hast du ihn konditioniert. Aus dem ehemals bedeutungslosen Click wurde eine Leckerliankündigung, also eine positive Verstärkung. Und außerdem ein sekundärer Verstärker.

Bitte was? Ein sekundärer Verstärker? Verstärker werden in primäre und sekundäre Verstärker eingeteilt. Ein primärer Verstärker ist alles, was dein Hund sowieso gerne mag. Natürlich Futter, aber auch Aufmerksamkeit, Spiele, Schlaf oder seine Hundefreunde.

Ein sekundärer Verstärker ist etwas eigentlich Bedeutungsloses, das erst durch die Kombination mit einem primären Verstärker ein positiver Verstärker wird. (Puh, den Satz liest du am besten noch einmal.)

Erinnere dich an das Beispiel mit dem hochhüpfenden Hund: Es blieb einfach keine Zeit, schnell genug mit Futter zu verstärken. Auch in anderen Situationen ist das so. Zum Beispiel wenn dein Hund auf einer größeren Entfernung *Sitz* macht. Du könntest nicht schnell genug bei ihm sein, um mit einem Leckerli zu verstärken. Deshalb sind sekundäre Verstärker ab jetzt ein unverzichtbares Hilfsmittel in deinem Training.

Nur der Clicker?

Genau, du ahnst es schon. Nicht nur der Clicker ist ein sekundärer Verstärker. So

Mit dem Clicker verstärkt Zoe Anuks *Sitz* ganz einfach aus der Entfernung.

ziemlich alles, was für deinen Hund bedeutungslos ist, kann zu einem werden. Mit der Zunge schnalzen, ein bestimmtes Wort oder die erhobene Hand. Wichtig ist nur, dass der sekundäre Verstärker kurz ist, die Sekundenregel einhalten kann und für dich praktisch in der Anwendung ist.

Löschen einer Verknüpfung

Das Gesetz des Löschens besagt, dass, wenn dem konditionierten Reiz einige Male kein Futter folgt, die konditionierte Reaktion gelöscht wird.

Das hat nicht nur für das Clicker-Training Bedeutung. Du kannst diesen Mechanismus auch für die Erziehung an sich nutzen. Aber denk dran: Bevor das Verhalten gelöscht wird, tritt es noch einmal sehr stark auf. Wenn du deinem Hund beispielsweise abgewöhnen möchtest, am Tisch zu betteln, musst du die Verknüpfung „Betteln = Futter" löschen, indem auf Betteln kein Futter mehr folgt. Die Regel sagt, dass dein Hund jetzt erstmal noch mehr als sonst betteln wird, weil er nicht versteht, warum sein Verhalten keinen Erfolg mehr bringt. „Hmm, das hat doch immer geklappt? Vielleicht hat mein Mensch es nur nicht gemerkt und ich muss aufdringlicher sein". Keine Sorge, das geht vorbei, und dann hast du es geschafft – vorausgesetzt, du bleibst konsequent.

Click + kein Futter (oft wiederholt) = der Click wird wieder bedeutungslos für den Hund.

Die spontane Erholung

Wenn eine Reaktion gelöscht ist, wird sie nach einiger Zeit dennoch spontan wieder gezeigt.

Ein Beispiel: Dein Hund soll nicht mehr bellen, wenn es an der Tür läutet. Jetzt ist es ein bisschen knifflig. Dein Hund bellt nicht die Klingel an. Die eigentliche Konditionierung ist „Klingeln = Besuch". Und der Besuch wird (sozusagen im Voraus) angebellt. Um die Konditionierung zu löschen, müsste es also sehr oft klingeln, ohne dass Besuch kommt. (Du siehst, es ist wichtig, genau zu überlegen, was konditioniert wurde.)

Die spontane Erholung besagt, dass dein Hund am nächsten Morgen wieder genauso bellen wird wie immer, wenn

Das Phänomen der spontanen Erholung kannst du gut in deinem Training nutzen. Wenn eine Übung, die dein Hund sonst perfekt kann, mal nicht klappt, einfach drüber schlafen. Sicher kommt es zu einer spontanen Erholung. Denke aber daran, das Training richtig zu beenden (Seite 39).

es läutet. Allerdings wird es heute nicht so lange dauern, bis die Klingel (auf die kein Besuch folgt) ihm wieder egal ist.

Instrumentelle Konditionierung - Lernen durch Versuch und Irrtum

Die instrumentelle Konditionierung ist eine andere Konditionierungsform und damit auch eine weitere Form des Lernens. Ein Blick auf denjenigen, der diese Lernform zuerst wissenschaftlich untersucht hat: Ein Wissenschaftler namens Edward Lee Thorndyke sperrte eine Katze in einen Käfig. In diesem Käfig gab es einen Hebel, den die Katze drücken konnte und dann ging die Tür auf. Die Katze probierte alles Mögliche aus, bis sie durch Zufall den Hebel drückte und aus dem Käfig kam. Kaum draußen, tat Edward die Katze zurück in den Käfig. Dieses Mal dauerte es schon nicht mehr so lange, bis sie auf den Hebel drückte. Und nach ein paar Wiederholungen, drückte die Katze sofort auf den Hebel und spazierte aus dem Käfig.

Verstärkung ist ein Ereignis, durch welches dein Hund ein Verhalten in Zukunft häufiger oder seltener zeigt.

Dein Hund probiert beim Lernen durch Versuch und Irrtum alles aus, was ihm einfällt, solange, bis sich etwas Erfolg zeigt. Kommt er das nächste Mal in eine ähnliche Situation, macht er das Gleiche, mit dem er schon beim ersten Mal Erfolg hatte. Du kannst dir das von deinem Hund zeigen lassen: Wenn du dich mit Futter vor deinen Hund setzt, aber nichts sagst oder zeigst (Stell dir vor, dass du nichts von ihm möchtest, sonst könnte deine Körpersprache dich verraten!), fängt dein Hund an, alles abzuspulen, was er so kann: sitzen, hinlegen, bellen ... Teste einfach mal, was dein Hund denkt, wie er dich am besten dazu bekommt, ihm Futter zu geben!

Diese ganzen Aktionen, die dein Hund anbietet, nennt man Versuche. Er versucht etwas, kriegt kein Futter und hat sich also geirrt. Weiter geht es mit einem anderen Versuch. Daher kommt auch der Name dieser Form des Lernens: Versuch und Irrtum.

Unbewusst meint hier, dass du deinem Hund das, was er machen soll, direkt vor-

Auf einen Blick:

Klassische Konditionierung	Instrumentelle Konditionierung
Hier lernt dein Hund Zusammenhänge.	Hier lernt dein Hund durch Ausprobieren.
→ Unbewusstes Lernen	→ Bewusstes Lernen

gibst. So als ob dein Lehrer dir genau erklärt, wie du die Matheaufgabe lösen musst. Du hast es gelernt, aber nicht selbst herausgefunden.

Beim bewussten Lernen gibt dein Lehrer dir die Aufgabe und du probierst aus. Ein paar Tipps, ob du auf dem richtigen Weg bist, gibt er dir trotzdem, zum Beispiel durch Nicken. Dein Hund bekommt nur einen kleinen Schubs in die richtige Richtung. Wie die Lösung aussieht, muss er sich Stück für Stück erarbeiten.

Im echten Training lassen sich die Lernarten natürlich nicht so deutlich voneinander trennen, wie hier auf dem Papier. Aber es ist hilfreich, auf dieses theoretische Hintergrundwissen zurückgreifen zu können.

Nachdem du dieses Kapitel gelesen hast, darfst du so oft du kannst Paparazzi mit dem Clicker spielen und immer, wenn dein Hund sich so verhält, dass es ein „Foto" wert ist, klickst du auf den Auslöser. Leckerli natürlich nicht vergessen!

Man kann Hunde aber nicht nur mit einem Clicker erziehen! Es gibt viele Arten, einem Hund ein und dieselbe Sache beizubringen. Sobald dein Hundetrainer sagt: „Das musst du so und so beibringen!", denke daran, nicht jede Methode passt zu deinem Hund. Wenn die deines Trainers nicht zum Erfolg führt, brauchst du eine neue Methode und vielleicht einen neuen Trainer – aber natürlich keinen neuen Hund!

Warum Hunde schlecht hören

Hunde können bekanntermaßen ausgesprochen gut hören und doch werden Signale gern einfach mal von ihnen überhört. Woran liegt das?

GENAU WIE JEDER MENSCH, HABEN AUCH HUNDE IMMER EINE MOTIVATION ETWAS ZU TUN – oder eben keine Motivation und dann tun sie nichts. Hartnäckig hält sich das Märchen, dass bei Hunden, die nicht hören, der dazugehörige Mensch nicht der Chef ist. Vergiss das! Ob dein Hund ein Kommando befolgt, ist eine reine Verstehens- und Motivationssache. Diese Tatsache ist für dich im Alltag und im Training mit deinem Hund ungemein wichtig. Wir gehen jetzt von einem gesunden Hund aus, der in einer Situation ohne Besonderheiten nicht hört. (Hören kann er natürlich schon – seine Ohren sind in Ordnung. Damit ist gemeint, der Hund macht nicht ganz das, was Frauchen sich vorgestellt hatte.)

Es gibt genau zwei Gründe, warum dein Hund ein Signal nicht ausführt:

1. Er hat dich nicht verstanden.

2. Er hat eine zu geringe Motivation.

Schauen wir uns die beiden Gründe genauer an ...

Er hat dich nicht verstanden

Entweder konnte dein Hund dich nicht verstehen, weil du zu weit weg bist, die Umgebung zu laut ist oder er dich ausgeblendet hat. Oder er hört dir zu, aber versteht nicht, was du von ihm möchtest, weil er entweder das Signal noch nicht gelernt oder noch keine stabile Verknüpfung gebildet hat.

Er hat eine zu geringe Motivation

Das ist nicht so schwer zu verstehen. Denke an deinen Hund, wenn er gemütlich vor sich hin schlummert, nachdem er sich schön vollgefressen hat. Jetzt möchtest du aber deinem Besuch unbedingt den neuen Trick zeigen und versuchst mit aller Kraft, deinen Hund dazu zu motivieren, zu tun, was du dir vorstellst. Warum denkst du, wird das wohl jetzt eher nicht klappen?

Bei der Motivation stehen sich immer zwei Optionen gegenüber. Dein Hund könnte einen Trick machen und ein Stückchen Trockenfutter bekommen oder entspannt liegen bleiben und schlafen. Das Stückchen Trockenfutter ist in der Situation ja mal sowas von läppisch!

Trotzdem kann es sein, dass dein Hund tatsächlich den Trick macht, obwohl das Trockenfutter jetzt nicht sonderlich motivierend war. Woran liegt das? Aus Liebe zu dir?

Verhalten muss sich lohnen.

Hier muss ich dich enttäuschen. Was auf den ersten Blick so aussieht, als würde dein Hund es dir zuliebe machen, hat eigentlich einen anderen Grund: Die zweite Art der positiven Verstärkung. Einer Strafe zu entgehen, kann auch lohnend sein. Von Verstärkung hast du schon im Kapitel „So lernt dein Hund“ (ab Seite 22) gelesen. Jetzt gehen wir noch einmal näher darauf ein.

Ein respektvoller, liebevoller und artgerechter Umgang stärkt eure Bindung.

Lob und Strafe

In der Hundeerziehung ist das ein wichtiges Thema, in dem es noch viel Erklärungsbedarf gibt. Darum wird's jetzt ein bisschen theoretisch.

EIN LOB IST EIN POSITIVER VERSTÄRKER

Es erhöht die Wahrscheinlichkeit, dass ein Verhalten von deinem Hund in Zukunft öfter gezeigt wird. Eine Strafe ist ein negativer Verstärker. Es erhöht die Wahrscheinlichkeit, dass ein Verhalten von deinem Hund seltener gezeigt wird.

Wichtig: Ein Lob ist erst dann ein positiver Verstärker, wenn dein Hund das Verhalten wirklich öfter zeigt. Eine Strafe ist erst dann ein negativer Verstärker, wenn dein Hund das Verhalten wirklich seltener zeigt.

Eine Strafe muss nichts Schlechtes sein, wenn du sie richtig benutzt. Du musst also keine Angst vor ihr haben. Trotzdem kannst du, wenn du falsch bestrafst, mehr Schaden anrichten, als wenn du falsch belohnst. Mit Strafe meine ich auch keinesfalls Gewalt, denn eine Strafe tut deinem Hund niemals weh und Gewalt hat sowieso keinen Platz in einem guten Training. Wenn du etwas für deinen Hund Unangenehmes tust, ohne dass dieser daraufhin das gestrafte Verhalten seltener zeigt, dann ist es keine Strafe. Es handelt sich erst um einen

2. Ich mache *Sitz*, damit ich etwas Unangenehmes (den enttäuschten Blick meines Menschen) nicht bekomme.

Sobald ein Verhalten für deinen Hund angenehme Folgen hat, lohnt es sich für ihn. Dein Hund wird das Verhalten öfter zeigen, es wurde positiv verstärkt. Was passiert dabei im Gehirn? Es werden bestimmte Botenstoffe ausgeschüttet. Diese sorgen für Gefühle bei deinem Hund. Im ersten Fall empfindet dein Hund Freude, im zweiten Fall Erleichterung.

richtigen negativen Verstärker, wenn das Verhalten wirklich abnimmt.

Positive Verstärkung

Es gibt zwei Arten von Verstärkung: positive und negative. Die Art bestimmt, ob das Verhalten zu- oder abnimmt.

Bei der positiven Verstärkung nimmt ein Verhalten zu. Um das zu erreichen, hast du zwei Möglichkeiten. Du kannst ...

1. etwas für deinen Hund Angenehmes hinzufügen oder

2. etwas Unangenehmes wegnehmen.

Das denkt dein Hund dabei:

1. Ich mache *Sitz*, damit ich etwas Angenehmes (Aufmerksamkeit) bekomme.

Negative Verstärkung

Möchtest du erreichen, dass ein Verhalten deines Hundes abnimmt, benutzt du die negative Verstärkung. Du kannst das erreichen, indem du ...

1. etwas für deinen Hund Unangenehmes hinzufügst oder

2. etwas Angenehmes entfernst.

Das denkt dein Hund dabei:

1. Ich höre mit dem Verhalten (hochspringen) auf, weil sonst etwas Negatives passiert (enttäuschter Blick).

2. Ich höre mit dem Verhalten (hochspringen) auf, weil ich sonst etwas Angenehmes (Aufmerksamkeit) verliere.

Im ersten Fall empfindet dein Hund Angst. Im zweiten Fall Frust.

Für deinen Hund muss es sich lohnen, all deine verrückten Spielchen mitzuspielen.

Sicher fragst du dich, warum gibt es überhaupt negative Verstärkung? Angst und Frust klingen irgendwie blöd, kann man das nicht weglassen? Ja, kann man!

Beide Arten der Verstärkung haben in der Natur ihre Berechtigung. Sowohl positive als auch negative Verstärker sind wichtig, um Verhalten zu formen. In der Theorie sind die beiden Arten der Verstärkung gleich gut geeignet, um Verhalten zu formen. Im Training ist die negative Verstärkung aber viel weniger effektiv als die positive und hat viele Nachteile.
Du kannst dich also tatsächlich auf die positive Verstärkung konzentrieren.

Dein Hund tut alles, um sich sein Leben so angenehm wie möglich zu machen und Unangenehmes zu vermeiden.

Jedes Verhalten, das positiv verstärkt wird, wird also öfter gezeigt. Das klappt auch umgedreht. Jedes Verhalten, das dein Hund oft zeigt, wird von dir positiv verstärkt – oft unbewusst! Überlege mal, ob dir ein Verhalten deines Hundes einfällt, dass er oft zeigt. Zum Beispiel das Hochspringen zur Begrüßung. Aus Hundesicht ist das ein ganz normales Verhalten, aus Menschensicht aber unerwünscht. Vielleicht hast du schon einmal versucht, deinem Hund das Hochspringen abzutrainieren. Um das zu schaffen, wird häufig empfohlen, den Hund mit dem Knie wegzudrücken. Wie kann es sein, dass dein Hund immer noch hochspringt, obwohl du ihn immer konsequent wegdrückst?

Verhalten berechnen mit der Motivationsskala

Unten siehst du eine Motivationsskala. Links, auf der roten Seite, findest du die negative Verstärkung, also Strafe. Rechts vom Nullpunkt siehst du die positive Verstärkung, also das Lob.

Je weiter wir uns auf der Skala nach links bewegen, desto stärker ist dein Hund motiviert, ein Verhalten nicht mehr zu zeigen. Je weiter wir uns nach rechts bewegen, desto stärker ist er motiviert, das Verhalten öfter zu zeigen.

Nun zurück zu unserem Beispiel. Das Wegdrücken mit dem Knie ist eine Strafe. Ordnen wir das „Wegdrücken" auf der Motivationsskala ein, liegt es ungefähr bei minus 1. Es ist zwar unangenehm für den Hund, aber nicht stark unangenehm. Während der Hund weggedrückt wird, hat er die volle Aufmerksamkeit von Herrchen oder Frauchen. Er oder sie schaut den Hund an und redet auch mit ihm, während er weggedrückt wird. Auf-

Motivationsskala

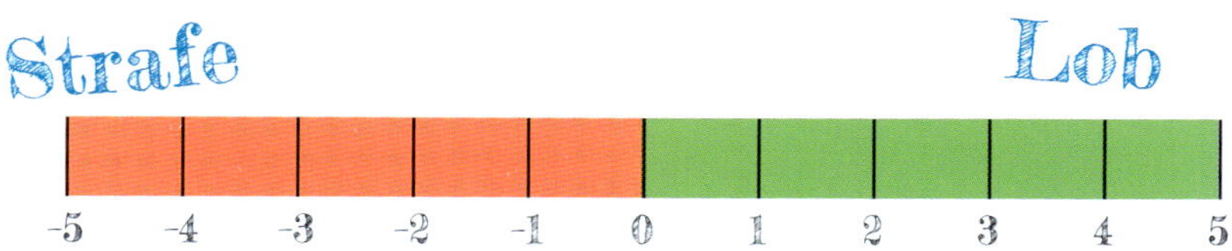

merksamkeit ist ein positiver Verstärker. Ein sehr guter! Wir ordnen „Aufmerksamkeit" bei 3 ein.

Rechnet man jetzt die minus 1 des Wegdrückens plus die 3 der Aufmerksamkeit zusammen, sind wir bei zwei im grünen Bereich! Das bedeutet, das Verhalten wird insgesamt belohnt, also positiv verstärkt. Deshalb springt dein Hund hoch, obwohl du eigentlich konsequent bist.

Auf diese Weise kannst du die Wahrscheinlichkeit berechnen, ob ein Verhalten auftreten wird oder nicht. Auch dein Hund „berechnet" das: Er wägt das, was er Schönes wegen eines Verhaltens bekommt, gegen das, was er dafür in Kauf nehmen muss, ab. Das macht er natürlich nicht bewusst. Verschiedene Abläufe im Gehirn sorgen dafür, dass die Motivationsskala funktioniert.

Um jetzt das Verhalten deines Hundes neu zu formen, kannst du das bisher Gelernte nutzen. Aufmerksamkeit ist angenehm für deinen Hund. Wenn das Anspringen abnehmen soll, kannst du ihm deine Aufmerksamkeit einfach entziehen. Du benutzt die zweite Art der negativen Verstärkung: Etwas Angenehmes (deine Aufmerksamkeit) wird entfernt. Außerdem hast du gelernt, dass das Training effektiver ist, wenn du dich auf die positive Verstärkung konzentrierst. Also machst du das und verstärkst das Verhalten, welches du öfter sehen willst, mithilfe der ersten Art der positiven Verstärkung: etwas für den Hund Positives hinzuzufügen. Im Klartext strafst du deinen Hund, wenn er hochspringt, mit Ignorieren und lobst ihn, wenn er die Pfoten auf dem Boden lässt, mit einem Hundekeks.

„Trick 17": Ignorieren

In der Hundeerziehung ist das Ignorieren ein ganz großer Trick – für deinen Hund beeindruckender, als du denkst. Ist dein Hund dir bei der Begrüßung zu stürmisch? Ignorier ihn! Nicht anfassen, nicht ansprechen, nicht anschauen. Dein Hund merkt „Oh, so komme ich nicht zum Ziel." Sobald er ruhig wird: Keks. Bleibst du konsequent, merkt dein Hund schnell „Umso ruhiger ich bin, desto schneller sagt mein Mensch 'Hallo'." Du weißt bereits, Aufmerksamkeit ist ein positiver Verstärker. Logisch, dass Ignorieren dann ein negativer Verstärker ist.

Du kannst nicht nur Verhalten, welches du nicht öfter sehen möchtest, ignorieren. Ignorieren ist auch eine sehr wirkungsvolle Strafe. Verhält dein Hund sich ausgesprochen unhöflich, gibt es eine Auszeit, die höchste Stufe des Ignorierens. Das kann zum Beispiel sein, deinen Hund auf dem Trainingsplatz anzubinden und ihn für ein paar Minuten nicht beim Training mitmachen zu lassen. Im Haus wird dein Hund bei der Auszeit alleine in einen Raum gesperrt. Diese Auszeit sollte niemals länger als eine Minute dauern. Denke gut nach, bevor du sie einsetzt. In einer gewaltfreien Ausbildung ist Auszeit, richtig durchgeführt, die wirkungsvollste Strafe, über die du verfügst.

Mein Hund hört immer noch nicht!

Für jedes Verhalten gibt es einen Grund. Also keine Panik, du kommst der Ursache für das Nicht-Hören noch auf die Spur.

PRÜFE IN JEDER SITUATION, IN DER DEIN HUND NICHT HÖRT, WARUM NICHT. Das kannst du auch machen, nachdem die Situation schon vorbei ist. Denn manchmal hast du in der Situation nicht genug Ruhe, weil du dich natürlich um deinen Hund kümmern musst, wenn er nicht richtig auf deine Signale reagiert. Gehe dafür die beiden Gründe durch. Wenn dein Hund dich nicht verstanden hat, musst du die Signalverknüpfung erneuern oder verstärken. (Wie du das machst, lernst du im Kapitel „Das lernt dein Hund“ ab Seite 35.) Kannst du sichergehen, dass er dich verstanden hat, überlege, wie du ihn mithilfe

von Lob und Strafe mehr motivieren kannst.

Auf einen Blick:

Damit dein Hund motiviert bleibt, ist auch Abwechslung in eurem Training sehr wichtig. Sobald dein Hund dich langweilig findet, sucht er sich spannendere Beschäftigungsmöglichkeiten. Die sind dann oft Käse, wie zum Beispiel Dinge kaputt machen, Katzen oder Rehe jagen oder andere Hunde ankläffen. Also immer schön interessant bleiben! Das kannst du dafür tun:

- Nicht jedes Training sollte in der gleichen Reihenfolge ablaufen.
- Trainiere an verschiedenen Orten und unterschiedliche Signale.
- Suche dir regelmäßig neue Tricks aus, anstatt immer nur Sitz, Platz und Bei Fuß zu trainieren.
- Beim Spazierengehen verstecken oder wegrennen.
- Regelmäßig trainieren: normalen Sport, aber auch Denksport.

Dein Hund soll merken, dass du der aufregendste Mensch auf der ganzen Welt bist („Das ist zum Verrücktwerden mit dir! Kaum lässt man dich ein paar Minuten aus den Augen, findest du Leckerlis in einem Baum oder bist plötzlich verschwunden. Besser, man behält dich im Auge, um ja nichts Spannendes zu verpassen …“).

Hunde machen nie etwas aus Liebe zu dir oder weil sie dich gern haben. Sei nicht enttäuscht darüber. Dass du deinem Hund wichtig bist, ist trotzdem unbestreitbar.

Das lernt dein Hund

Was soll ich trainieren, was kann mein Hund lernen?

Lerne, wie dein Hund freudig und schnell folgt – und lass dich von seinen schlummernden Talenten überraschen.

ZUERST EINMAL LERNST DU! Nämlich wie dein Hund lernt. Logisch, oder? Um deinem Hund etwas beizubringen, musst du schließlich erstmal wissen wie. Falls du Frechdachs das Kapitel „So lernt dein Hund" übersprungen hast, dann schnell zurückblättern! Du hast dich tapfer durchgekämpft? Super! Dann weißt du jetzt Bescheid. Du hast gelernt, dass das Verhalten sich für deinen Hund lohnen muss, damit er es wieder zeigt. Er soll kommen, wenn du rufst? Dann muss sich das für ihn lohnen. Dein Hund soll nicht mehr betteln? Dann darf es sich für ihn nicht mehr lohnen.

Dein Hund ist ein Egoist. Alles was er tut, macht er, weil es sich für ihn lohnt.

Trainieren kannst du alles, was du möchtest! Ob du Verhalten ab- oder aufbauen möchtest, ist dir überlassen. Probleme lösen oder neue Tricks lernen ... lass deiner Kreativität freien Lauf. In seinem gesamten Leben wird dein Hund niemals ausgelernt haben, genau wie du. In diesem Kapitel wirst du einige Anregungen zum Trainieren in Alltagssituationen und Tricks finden. Außerdem lernst du, wie du deine eigenen Trainingspläne erstellen und benutzen kannst.

Befehl, Kommando ... alles Quark!

Zuerst einmal: Zum Lernen braucht dein Hund Motivation und eine positive Grundstimmung. Deshalb verabschiedest du dich jetzt von den Begriffen Befehl und Kommando. Gute Hundetrainer geben Signale!

Hast du dich schon einmal gefragt, warum dein Hund glücklich und in Blitzgeschwindigkeit Pfötchen geben kann, aber seinen Po beim *Sitz* gelangweilt in Zeeeeeitluuuupe zum Boden bringt? Das liegt an dir!

Für deinen Hund gibt es keinen Unterschied zwischen *Sitz* und *Pfötchen*. Beides ist für ihn nur ein Verhalten. Ob er sich nur ins Platz hinlegt oder sich dann noch zur Rolle rumrollt, das ist ihm völlig egal. Dir aber nicht!

Sitz, *Platz*, *Bei Fuß* kennst du aus der Hundeschule als Grundkommandos. Sie erleichtern dir den Alltag mit deinem Hund. Und viel wichtiger: Sie geben Sicherheit.

Wenn du mit deinem Hund an eine dicht befahrende Straße kommst, würdest du ihn dann eine Rolle machen lassen? Nein, natürlich nicht. Du gibst das Kommando *Sitz*. Stell dir vor, wie deine Stimme dabei klingt. Streng, oder? Ist ja klar. Es ist dir sehr wichtig, dass dein Hund sich sofort und schnell hinsetzt.

Beim Pfötchengeben sieht das anders aus. Klappt das mal nicht auf Anhieb, ist es nicht so schlimm. Deshalb macht es deinem Hund mehr Spaß, Tricks mit dir zu üben, als die Grundgehorsamkeitskommandos. (Puh, das klingt auch ganz schön streng.)

Natürlich wollen wir alle einen Hund, der freudig und schnell folgt. Deshalb ist deine Aufgabe, an deiner Einstellung zu arbeiten. Ab jetzt findest du ein toll ausgeführtes Sitz genauso toll wie eine Rolle. Es ist alles eine Frage deiner Reaktion. Für dich hat es nur Vorteile, wenn dein Hund in *Sitz* genauso ein schönes Spiel sieht wie im *Pfötchen geben*.

„Setz dich durch!" ... Wodurch denn?

Wenn dir das nächste Mal jemand sagt, du müsstest dich durchsetzen, dann lächele in dich hinein. Du weißt es besser: Dein Hund muss gar nichts; aber er kann alles, wenn eure Kommunikation stimmt.

Dein Hund muss deine Signale nicht befolgen, aber er wird es tun, wenn du alles richtig machst.

Übung

FLÜSTERPOST

Viele Frauchen und Herrchen neigen nicht nur dazu, einige Signale „böser" als andere auszusprechen, sie reden generell zu laut mit ihren Hunden. Natürlich ist es beeindruckend, angebrüllt zu werden – für deinen Hund genauso wie für dich. Wird man aber ständig angebrüllt, lässt der Effekt schnell nach. Dein Hund hat eine Art Messlatte dafür. Je lauter du deine Signale im Alltag gibst, desto höher liegt diese Messlatte. Um deinen Hund zu beeindrucken, musst du logischerweise dann noch lauter werden.

Nimm dir für diese Übung etwas bessere Leckerlis. Frage deinen Hund nun verschiedene Signale ab, egal welche. Benutze deine Körpersprache ganz normal und mache auch alles andere genau wie immer. Der einzige Unterschied: Deine Signalwörter darfst du nur flüstern. Lass dich erstaunen, wie unnötig laut du deine Signale bisher im Alltag gegeben hast.

Viel schöner wäre es doch, wenn dein Hund schon von einem normal laut gesprochenen Signal beeindruckt wäre. Findest du das auch, kannst du die Messlatte in Zukunft herabsetzen. Bezüglich deiner Lautstärke gilt ab jetzt: So leise wie möglich und so laut wie nötig.

Vier Regeln zum perfekten Training

Ein gutes Training muss kein Zufall sein.
Erfahre, wie du mit vier Regeln zum Erfolg kommst.

FÜR DICH UND FÜR DEINEN HUND SIND REGELMÄSSIGE ERFOLGE IM TRAINING WICHTIG, damit ihr beide motiviert bleibt, weiterzumachen. Um so zu trainieren, dass sich auch wirklich Erfolge einstellen, gibt es erstmal ein paar Tipps.

1. Frustration garantiert? Grundeinstellung ändern!

Und schon wieder musst du an deiner Einstellung arbeiten. Training soll Spaß machen – deinem Hund und dir. Sieh das Training, auch in der Hundeschule, als Spiel. Wenn mal was nicht so klappt, ist das überhaupt kein Problem! Du weißt schließlich jetzt genau, warum es nicht geklappt hat. Entweder hat dein Hund dich nicht verstanden oder er war nicht motiviert genug. Also einfach Schwamm drüber und weiter geht's. Dein Hund geht dir heute so richtig auf den Keks und du bekommst schlechte Laune? Beende das Training richtig (wie in Punkt 3) und hör für heute auf. Es ist besser das Training ausfallen zu lassen, als deinen Frust an deinem Hund auszulassen. Das einzige Geheimnis der Menschen mit den Streberhunden ist: Motivation. Die anderen

Hunde hören besser als deiner? Egal! Und wenn andere sagen, dein Hund wäre unerzogen? Auch egal! Du machst dein Ding!

2. Kurz, aber oft

Wie eine Minimöhre sollte das Training sein: kurz und knackig. Denn die Zeit macht's. Hunde haben eine kurze Konzentrationsspanne. Besser fünf Trainingseinheiten, die fünf Minuten dauern, über den Tag verteilen, als einmal 25 Minuten trainieren. Dafür aber regelmäßig, am besten jeden Tag!

3. Das Ende bleibt in Erinnerung

Deshalb beendest du jede Trainingseinheit mit einem leichten Signal. Es muss etwas sein, das dein Hund schon sicher kann. Etwas, wofür er auf jeden Fall eine Belohnung absahnen wird. Dadurch behält dein Hund das gesamte Training als schön in Erinnerung – trotz Fehlern, die er zwischendurch gemacht hat. Außerdem motivierst du ihn damit gleich für das nächste Training. Solltest du das Gefühl haben, dass heute im Training einfach gar nichts klappt, dann beende das Training mit einem kleinen Erfolg und höre für heute auf.

4. Die Ruhe selbst

Auch wenn es manchmal nicht so scheint, dein Hund hat dich immer im Auge. Und er beobachtet ganz genau, wie du dich verhältst. „Mein Mensch hat Stress? Oh, dann ist das wohl eine gefährliche Situation. Ich rege mich besser mal auf!" Deshalb wird dein Hund sich niemals beruhigen können, wenn du hektisch auf ihn einredest. Deine Ausstrahlung beeinflusst deinen Hund. In gefährlichen Situationen ist es schwierig, ruhig zu bleiben, aber das kannst du trainieren. Versuche Meditation oder ein paar Atemübungen und wende das an, wenn du deinen Hund das nächste Mal beruhigen musst.

Wenn du schlechte Laune hast, lass das Training ausfallen. Genauso, wenn du merkst, dass du wütend bist, weil dein Hund einfach nicht macht, was du möchtest. Das liegt nicht nur an deinem Hund, ihr habt ein Problem in der Kommunikation. Das Training ist kein Platz zum Abreagieren oder für schlechte Stimmung. Bei einem gelungenen Training bleibst du freundlich und ruhig.

Auf einen Blick:

- Weder du noch dein Hund müssen irgendetwas. Training soll Spaß machen!
- Zieh dein Ding durch, egal, was die anderen sagen.
- Lieber kurz und oft, anstatt lang und selten trainieren.
- Immer mit einem Erfolgserlebnis aufhören.
- Cool bleiben: Bist du entspannt, ist es dein Hund auch.
- In kleinen Schritten zum Ziel!

Ein Signal, was ist das?

Um mit deinem Hund kommunizieren zu können, brauchst du eine Sprache, die auch er versteht. Und dabei muss es nicht das gesprochene Wort sein!

EIN SIGNAL SAGT DEINEM HUND, WAS DU VON IHM MÖCHTEST; was er machen muss, um sich eine Belohnung abzuholen. Das Signal gibt deinem Hund also die Information über das gewünschte Verhalten. Ein Signal setzt sich zusammen aus einem Signalzeichen und einem Signalwort. Bei dem Signal für das Verhalten „Po auf den Boden“ wäre das Signalzeichen zum Beispiel der erhobene Zeigefinger, und das Signalwort lautet *Sitz*.

Während dein Hund ein neues Verhalten lernt, gibst du das Signal immer, während er das Verhalten zeigt (Verknüpfungsphase). Dein Hund muss ja erstmal verstehen, wie du das Verhalten nennst. Wenn sich eine sichere Verknüpfung gebildet hat, gibst du das Signal vor dem Verhalten (Ausführungsphase). Das Signalwort ist jetzt der Auslöser für das verknüpfte Verhalten. Ab jetzt bekommt dein Hund nur noch eine Belohnung, wenn er das Verhalten auf dein Signal hin zeigt.

Signale sind also etwas, das Hunde verstehen. Und damit du das auch verstehst, im Folgenden hier eine Übung.

Übung

DAS STUMME TRAINING

Such dir ein Signal aus, das du mit deinem Hund trainieren möchtest. Ob *Platz* oder eine Drehung, völlig egal. Und jetzt darfst du trainieren, mit einer Besonderheit: Dein Mund ist versiegelt! Du darfst Handzeichen geben oder Lippen bewegen, Hauptsache, dein Hund hört nicht einen Mucks von dir.

Warum habe ich dir verboten, mit deinem Hund zu sprechen? Ganz einfach: Weil er dich sowieso nicht versteht. Deine Sprache ist für deinen Hund eine Fremdsprache. Er verknüpft lediglich Signalwörter durch viele Wiederholungen mit einem Verhalten. Diese Verknüpfungen sind fast schon Zauberei. Hast du nämlich richtig trainiert, dann hat sich im Gehirn deines Hundes eine sichere Verknüpfung gebildet. Vielleicht ist dir gerade bei der Übung aufgefallen, dass dein Hund sich anders verhalten hat als

Amelie gibt das Sichtzeichen für *Sitz* und Lyla setzt sich hin.

normalerweise. War er verwundert oder sogar aufmerksamer? Und auch du konntest dich sicher viel stärker auf ihn konzentrieren.

Im Hundetraining wird leider oft falsch verknüpft. Erst einmal musst du Folgendes wissen: Ein Hund verknüpft das Signal immer mit dem, was er jetzt gerade tut. Genau jetzt. Stehst du neben deinem Hund und sagst *Platz*, dann verknüpft dein Hund dieses Signalwort mit allem Möglichen. Nur nicht damit, sich hinzulegen. Mit dem Vogel, der neben ihm Brotkrumen sammelt, der Spülmaschine oder dem Käsegeruch deiner Socken. Sagst du jedoch nur „Platz", wenn dein Hund liegt, dann bildet sich eine Verknüpfung: „Aha, das Signal *Platz* fühlt sich so an." Bis diese Verknüpfung wirklich stabil ist, dauert es mindestens 1000 Wiederholungen. Das kann tatsächlich eine Weile dauern. Aber es lohnt sich, das in Kauf zu nehmen. Denn jetzt kommt die Zauberei: Hat sich eine feste Verknüpfung zwischen dem Signal *Platz* und dem Verhalten „hinlegen" gebildet, dann kann dein Hund gar nicht mehr anders, als sich hinzulegen, wenn du *Platz* sagst. Cool, oder?

Du siehst also, es geht nie darum, dass dein Hund versteht, was du redest. In Zukunft also lieber Mund zu. Du wirst merken, dass dein Hund viel schneller begreift, was du von ihm möchtest. Kein Wunder, wenn das ganze überflüssige Gelaber wegfällt – für deinen Hund ist das nur Ablenkung und nicht hilfreich.

In Zukunft weniger reden, dafür mehr zeigen.

Dein Hund kennt sicher schon das Signal *Sitz*, wenn er kein Welpe mehr ist. Gib deinem Hund jetzt dieses Signal. Ja genau, jetzt während du das liest. Für deinen Hund soll es überraschend und ohne große Ankündigung kommen. Hat er sich hingesetzt? Nein? Dann ist die Verknüpfung zwischen *Sitz* und „Popo auf dem Boden" nicht stabil. Das bedeutet, dass du *Sitz* nicht oft genug gesagt hast, während der Po deines Hundes den Boden berührt hat. Du kannst alle Signale, die dein Hund eigentlich kennt, auf diese Art überprüfen. Wie du im Kapitel Motivation (Seite 27) gelernt hast, kann es ein Hinweis auf eine schlechte Verknüpfung sein, wenn dein Hund deine Signale nicht ausführt. Dann solltest du im Training mit diesem Signal zurück in die Verknüpfungsphase gehen.

Signale richtig aufbauen

Die Art, wie du deinem Hund neue Signale beibringst, entscheidet darüber, wie schnell er sie lernt und wie zuverlässig er die Signale später ausführt.

DU WEISST BEREITS, DASS SPRECHEN DEINEN HUND IM TRAINING MEHR VERWIRRT, als dass es ihm hilft. Um ein neues Signal aufzubauen gilt also: Weniger sprechen von dir bedeutet mehr verstehen bei deinem Hund. Egal, welches Verhalten du aufbauen möchtest, die Abfolge ist immer gleich.

1. Zuerst bringst du deinen Hund ohne zu sprechen dazu, das gewünschte Verhalten zu zeigen. Du kannst abwarten, bis er es zufällig zeigt, oder ihm Hilfestellung geben. Beim Sitz zum Beispiel, indem du ein Leckerli über seinem Kopf nach hinten bewegst. Zeigt er das gewünschte Verhalten – Click und Leckerli (Seite 20) oder ein Lob, falls du ohne Clicker trainierst. Du weißt ja, es geht darum, das Verhalten positiv zu verstärken.

2. Erst dann, wenn du deinen Hund sicher dazu bringst, das Verhalten zu zeigen (ohne zu sprechen!), gibst du das Signalwort, während dein Hund das Verhalten zeigt. Das nennt man die Verknüpfungsphase.

3. Wenn du denkst, dass dein Hund das Verhalten auf das Signalwort hin zeigen wird, gibst du das Signalwort bevor er das Verhalten zeigt. Dieser Schritt nennt sich Ausführungsphase. Führt er das Signal daraufhin aus – super gemacht! Klappt es nicht auf Anhieb, ist das nicht schlimm. Es hat sich noch keine stabile Verknüpfung gebildet, also zurück zu Schritt 2 und weiter trainieren.

Übung

PLATZ

Platz soll für deinen Hund bedeuten, sich gerade auf den Boden zu legen. Mit ausgestreckten Pfoten und ohne weggerutschtem Po.

1. Um deinen Hund ins *Platz* zu bringen, kannst du ein Leckerli vor seiner Nase nach unten zum Boden führen.

2. Sobald dein Hund liegt, gibst du dein Signalwort - Click und Leckerli.

3. Um deinen Hund wieder aus dem *Platz* zu bringen, kannst du ein Leckerli werfen (Warum werfen? Seite 50). Dann einfach Schritt 1 und 2 wiederholen.

4. Wenn du das Gefühl hast, dein Hund würde sich auf *Platz* hinlegen, probiere aus, ob schon eine sichere Verknüpfung entstanden ist. Wenn nicht, weiter trainieren!

Noch ein Tipp zu Schritt 1: Sollte dein Hund sich nicht hinlegen, sondern dem Leckerli hinterherlaufen, setz dich auf den Boden und winkle deine Beine an. Führe deinen Hund mit dem Leckerli durch den so entstandenen Tunnel. Je kleiner dein Hund ist, desto flacher musst du den Beintunnel bauen.

Auf den Fotos siehst du, wie Vargen und ich das *Platz* üben.

Theoretisch dauert die Verknüpfungsphase nur einige Wochen und die Ausführungsphase dann ein Hundeleben lang. Praktisch kannst du im Training mit jedem Signal immer mal wieder zurück zur Verknüpfungsphase wechseln, auch wenn dein Hund das Signal schon gut ausführt, um die Verknüpfung immer weiter zu stärken.

Achtung, Verwechslungsgefahr!

Traditionsgemäß sind *Sitz* und *Platz* die ersten Signale, die ein Welpe lernt. Das führt dazu, dass viele Frauchen und Herrchen ihre Hunde vom *Sitz* ins *Platz* und wieder ins *Sitz* schicken. Runter, hoch, wieder runter und wieder hoch. Zwei so ähnliche Signale gleichzeitig zu üben, macht eher wenig Sinn. Es kann schnell zu einer Verwechslung vom Hund kommen. Du sagst *Platz* während dein Hund zu Boden rutscht und noch halb im *Sitz* ist oder er setzt sich eigenständig wieder hin bevor du *Sitz* gesagt hast. Deshalb solltest du diese beiden Signale lieber getrennt voneinander trainieren.

Schau mir in die Augen, Kleiner

Wusstest du schon: Sobald dein Hund dich ansieht, ist seine volle Aufmerksamkeit bei dir, und er denkt nicht etwa über sein Frühstück nach. Wenn dein Hund dich ansieht, ist das super!

Mia schaut mir gespannt in die Augen – ich habe ihre volle Aufmerksamkeit.

Zwischen Hunden wird Blickkontakt eher vermieden. Einem anderen Hund in die Augen zu starren, ist unhöflich. Für dich und deinen Hund ist Blickkontakt aber wichtig. Deshalb schön belohnen, wenn dein Hund dich ansieht!

Nein, ein Signal ohne Verknüpfung, wird zu Stopp, einem Signal mit Sinn

Jetzt kommen wir zu etwas wirklich Interessantem, dem Signal *Nein*. Was ich gleich erklären werde, ist eigentlich so selbstverständlich, dass man sich nur an die Stirn fassen kann. Zunächst eine Frage: Hast du deinem Hund das Signal *Sitz* beigebracht? „Ja klar", denkst du. „Leckerli über den Kopf und dann *Sitz* sagen, wenn der Po den Boden berührt. Das so oft wiederholen, bis sich eine Verknüpfung gebildet hat." Ist doch klar, wie sollte dein Hund auch sonst wissen, was du meinst, wenn du *Sitz* sagst?

„Oh, oh", denkst du jetzt. Ja, du weißt sicher schon, worauf ich hinaus möchte. Ich möchte wissen, wie du deinem Hund das Signal *Nein* beigebracht hast.

Wahrscheinlich, indem du immer, wenn dein Hund etwas gemacht hat, was er nicht machen soll, „Nein!" gesagt hast. Nach deinem neuen Wissen über Verknüpfungen, fasst du dir spätestens jetzt an die Stirn. Ist ja klar, warum dein Hund darauf entweder gar nicht oder eingeschüchtert und verwirrt reagiert. Dein Hund hat *Nein* mit einem Verhalten verknüpft, das du eigentlich gar nicht meintest. Und dann wurde *Nein* auch noch bei den verschiedensten Verhaltensweisen gesagt, sodass er es letztendlich gar nicht richtig verknüpfen konnte. Das ist natürlich völliger Quark. Also bauen wir dieses Signal jetzt neu auf!

Nein lässt sich genau wie jedes andere Signalwort mit einem bestimmten Verhalten verknüpfen. Ein sinnvolles Verhal-

Das Signal *Nein* soll für deinen Hund bedeuten: „Ich lasse alles stehen und liegen, um mir ein Leckerli bei Frauchen (oder Herrchen) abzuholen."

Übung

STOPP-SIGNAL

Falls dein Hund das Wort *Nein* bereits kennt, musst du dir ein neues Signalwort überlegen. Zum Beispiel *Oh, oh* oder *Stopp*. Neigst du dazu, diese Wörter mit einem strengen Ton auszusprechen? Dann such dir ein lustigeres Wort. Zum Beispiel *Schuberdu*. Völlig egal, welches Wort es ist; du weißt ja, dein Hund kennt die Bedeutung dieser Wörter nicht. Es geht nur darum, dass du verstehst, *Nein* ist genauso ein Trick für deinen Hund wie *Pfötchen geben*. Du musst es weder böse noch streng sagen. Als Signalzeichen kannst du später ein Händeklatschen nehmen, aber in den ersten Trainingsschritten wirst du deine Hände noch brauchen.

1. Mach es dir mit je einem Leckerli in jeder Hand vor deinem Hund bequem. Jetzt streckst du wie auf dem Foto unten beide Hände flach nach vorne aus. Sobald dein Hund sich ein Leckerli nehmen will, schließt du schnell die Hand (Foto oben) und sagst dein Signalwort. Dann darf sich dein Hund das Leckerli von deiner anderen Hand nehmen. Wichtig ist, dass er nach deinem *Nein* das Leckerli aus der anvisierten Hand auch wirklich nicht bekommt. *Nein* bedeutet Misserfolg. Dann wieder jeweils ein Leckerli in beide Hände und wiederholen, bis sich dein Hund schon auf dein Signalwort hin von der Hand ab- und der anderen zuwendet. Wenn dein Hund das Leckerli liegen lässt, ohne dass du deine Hand schließen musstest, mach weiter mit Schritt 2.

ten, das du an das Signal *Nein* knüpfen kannst, ist die jeweilige Tätigkeit abzubrechen und zu dir zu kommen.

Was lernt also dein Hund? *Nein* bedeutet Misserfolg. Dein Hund wird keine Energie auf etwas Aussichtsloses verschwenden.

2. Du brauchst jetzt zwei Sorten Leckerlis. Die eine muss dein Hund lieber mögen als die andere. Nimm jetzt eins von den schlechteren Leckerlis und lass es auf den Boden fallen. Jetzt musst du schnell sein. Sobald dein Hund es nehmen will, sagst du dein Signalwort. Lässt dein Hund es liegen, belohnst du ihn mit einem von den besseren Leckerlis. Versucht er es trotzdem zu nehmen, muss dein Fuß vorher auf dem Leckerli sein. Diesen Schritt übst du an ganz vielen verschieden Orten, bis dein Hund das Leckerli ohne Ausnahme liegen lässt.

3. In diesem Schritt bringen wir deinem Hund bei, zu dir zu kommen, statt Käse zu machen. Lass das Leckerli fallen. Dann sagst du dein Signalwort und läufst ein paar Schritte rückwärts. Du musst sicher sein, dass dein Hund das Leckerli nicht nehmen wird. Jetzt locke deinen Hund zu dir, damit er sich sein Leckerli abholen kann. Doll loben, wenn er gut bei dir angekommen ist!

4. Jetzt brauchst du einen Helfer und ein cooles Spielzeug. Lass deinen Hund zunächst kurz mit dem Spielzeug spielen. Wirf das Spielzeug in Richtung deines Helfers und sage dein Signalwort. Denke dran, es gibt keinen Grund laut oder streng zu sprechen, du gibst deinem Hund nur eine Information: „Wenn du jetzt losrennst, rennst du umsonst.“ Lässt dein Hund das Spielzeug links liegen und läuft zu dir? Große Party! Läuft er zum Spielzeug, nimmt dein Helfer das Spielzeug schnell hoch und ignoriert den Hund dabei. Jetzt wirf das Spielzeug, ohne dein Signalwort zu sagen, und dein Hund darf es sich holen. Das machst du, damit dein Hund sich nicht irgendwann denkt: „Pff, ich darf es ja eh nicht haben, warum sollte ich losrennen?“ Zur Steigerung sagst du dein Signalwort immer später. Je näher dein Hund schon am Spielzeug ist, desto schwerer ist es für ihn, dem *Nein* zu folgen. Deinen Helfer darfst du erst entlassen, wenn dein Hund das *Nein* sehr sicher kann.

Erst recht nicht, wenn er stattdessen einen Keks von dir abholen kann! Wichtig ist nur, dass dein Tipp an deinen Hund „Hey Hund, es ist aussichtslos, was du da versuchst“ immer stimmt. Du musst dafür sorgen, dass *Nein* wirklich immer Misserfolg bedeutet.

Dein Hund braucht zwei Namen

Falls du, genau wie ich, dazu neigst, den Namen deines Hundes tief und unfreundlich zu rufen, wenn er kurz davor ist, etwas Blödes anzustellen, dann braucht auch dein Hund zwei Namen.

Denn sein richtiger Name soll immer etwas Schönes bedeuten. Das ist vor allem bei jungen Hunden und im Rückruf-Training wichtig. Deshalb heißt Vargen immer, wenn sie etwas Blödes macht, Fräulein.

Wann ist eine Verknüpfung stabil? Die 100-Euro-Regel

Wie viele Wiederholungen es braucht, bis sich eine sichere Verknüpfung gebildet hat, hängt von deinem Hund ab. Sobald du 100 Euro darauf verwetten würdest, dass dein Hund das gewünschte Verhalten auf dein Signalwort hin ausführt, ist die Verknüpfung stabil (Tipps im Kapitel „Signale richtig aufbauen“, Seite 42). Dann kannst du im Training von der Verknüpfungsphase in die sogenannte Ausführungsphase gehen.

Diese Faustregel gilt ein Hundeleben lang: Signale darfst du nur geben, wenn du 100 Euro darauf verwetten würdest, dass dein Hund das Signal ausführen wird.

Ein-, zwei- oder dreimal?

Mit dieser 100-Euro-Regel ist es klar, dass du jedes Signal nur einmal geben darfst. Menschen neigen schnell dazu, ein Signal mehrmals zu geben: *Sitz, Sitz, Sitz!* Dein Hund lernt schnell: „Es ist nicht schlimm, wenn ich nicht gleich reagiere. Mein Mensch sagt es eh noch fünfmal.“

Außerdem weißt du ja, dein Hund versteht die Signalwörter nicht, er verknüpft sie. Sagst du also *Sitz, Sitz, Sitz*, dann denkt sich dein Hund nicht „Aha, dreimal das gleiche Wort!“, sondern er hört *Sitzsitzsitz* und verknüpft das Verhalten „Po auf den Boden“ mit diesem Signalwort. Ein *Sitz* allein hat dann keine Bedeutung für ihn.

Was tun, wenn der Hund das Signal nicht befolgt?

Ruhig bleiben und nicht nochmal das gleiche Signal geben! Sobald du ein Signal gibst und dein Hund dieses nicht ausführt, muss bei dir sofort eine rote Lampe im Kopf angehen. Nicht die Dominanz- oder Durchsetzen-Lampe, sondern die „Was-habe-ich-falsch-gemacht?“-Lampe.

Anstatt *Nein* oder das gleiche Signal noch einmal böser zu sagen, prüfe lieber, warum das Signal nicht befolgt wurde. 100-Euro-Regel nicht angewendet? Der Hund hat dich nicht gehört oder verstanden? Dein Hund war nicht motiviert genug?

Es ist unmöglich, von heute auf morgen beim Signalegeben alles richtig zu machen. Gib dir Mühe, aber sei geduldig mit dir. Dein Ziel sollte sein, dass dein Hund schon bald alle Signale von dir ausführt. Das erreichst du durch Training und indem du – wenn die 100-Euro-Regel sagt „Klappt nicht!“ – einfach gar kein Signal gibst. Merke dir die Situation fürs nächste Training. Beim Signalegeben ist Vorbeugen nämlich das Zauberwort und nicht Nachsorge.

Versteckte Hilfestellung

Beim Geben des Signals musst du etwas beachten. Für deinen Hund ist deine Körpersprache wichtiger, als das, was du sagst. Bei dem Signal *Sitz* zum Beispiel, sagt deinem Hund schon dein erhobener Zeigefinger, was du von ihm möchtest. Auf das, was du sagst, achtet dein Hund dann nicht mehr. Er weiß ja eh schon, was du von ihm möchtest. Dieses Phänomen nennt man Überschatten. Das Signalzeichen ist für deinen Hund wichtiger als das Signalwort. Das liegt daran, dass Hunde hauptsächlich über ihre Körpersprache und nicht über Laute kommunizieren. Wir möchten aber, dass unser Signalwort für den Hund auch wichtig ist. Deshalb gibst du das Signalwort ab jetzt immer vor dem Signalzeichen. Das Signalwort kündigt so weitere Hilfe an. Beim *Sitz* heißt das, dass du erst *Sitz* sagst und dann deinen Zeigefinger hebst.

Übung

AUFLÖSE-SIGNAL

Es ist gar nicht schwer, deinem Hund ein Auflöse-Signal beizubringen.

1. Bringe deinen Hund ins *Platz*. Wirf dann ein Leckerli und sage *Okay*, wenn er aufsteht, um das Leckerli zu holen. Beginne mit kurzen Trainingszeiten und verlängere die Zeit, in der dein Hund das Verhalten zeigen muss, in kleinen Schritten. Dein Ziel ist, dass dein Hund liegen bleibt, bis du das Auflöse-Signal gibst, egal, ob du tanzt, wegrennst oder dich hinter ihn stellst.

2. Denke daran, in kleinen Schritten kommst du an dein Ziel. Wenn dein Hund nach vielen Wiederholungen auf *Okay* hin aufsteht, um sein Leckerli abzuholen, hast du das Auflöse-Signal aufgebaut.

Das Auflöse-Signal

Dein Hund sollte ein Signal immer so lange ausführen, bis du ihm signalisierst: „Du darfst aufhören." Als Signalwort kannst du zum Beispiel *Okay* oder *Und lauf* nehmen. Das Signalwort zeigt dem Hund, dass die Übung zu Ende ist. Mit diesem Signal werden die Signale *Warte* oder *Bleib* unnötig. Gibst du zum Beispiel das Signal *Platz*, muss dein Hund so lange liegen bleiben, bis du das Auflöse-Signal gibst. Egal, ob du tanzt, weggehst oder, wie ich auf dem Bild, um ihn herumläufst – steht er zu früh auf, bekommt er kein Leckerli.

Warum wirft man Leckerlis?

Manchmal ist es besser, die Leckerlis zu werfen, statt sie direkt aus der Hand zu füttern. Zum Beispiel, wenn du ein bewegungsloses Signal trainierst, wie Sitz oder Platz. In diesen Signalen bewegt sich dein Hund nicht, deshalb bewegungslos. Du wirfst das Leckerli, damit dein Hund aufsteht, um es sich zu holen. Dann kann er Sitz gleich wieder zeigen. Würdest du ihm das Leckerli aus der Hand geben, würde er immer noch sitzen. Du müsstest ihn dann erst aus dem Sitz schicken, damit du weiter trainieren kannst. So übernimmt das dein geworfenes Leckerli.

Für deinen Hund ist Bewegung ein primärer Verstärker, also etwas Tolles. Wenn du das Leckerli wirfst, erhöhst du deshalb den Wert des Leckerlis. Das Verhalten deines Hundes wird mit zwei positiven Verstärkern verstärkt: Leckerli jagen und fressen macht mehr Spaß, als einfach aus der Hand zu fressen. Bewegung ist außerdem gut gegen Anspannung. Immer wenn dein Hund aufgeregt ist, solltest du Leckerlis werfen, anstatt sie aus der Hand zu füttern. Zum Beispiel wenn ihr an einem bellenden Hund vorbeilaufen müsst. So kann dein Hund seine Anspannung besser loswerden.

Qualität statt Quantität

Egal, wie gut dein Hund ein Signal beherrscht, es gibt immer eine Steigerungsmöglichkeit. Bei den meisten Signalen reichen bereits Ablenkung oder eine andere Umgebung und dein Hund scheint neu lernen zu müssen. Das ist

Übung

PLATZ AUS DER BEWEGUNG

Beherrscht dein Hund *Platz* schon sicher, kommt hier die Herausforderung: die Übung mit Bewegung. Dein Hund sollte *Platz* bereits perfekt ausführen können, auch aus dem Stand, bevor du mit dieser Übung startest.

1. Als erstes stellst du dich neben deinen Hund. Nimm dir jetzt wieder ein Leckerli zu Hilfe, auch wenn dein Hund *Platz* schon kann. Führe das Leckerli vor der Hundenase zum Boden und beuge dich dabei vorn über. Während dein Hund sich hinlegt, gibst du dein Signalwort *Platz* - dann Click und das Leckerli. Dann ein zweites Leckerli werfen (dein Hund wird aufstehen und zum Leckerli laufen).

2. Jetzt führst du deinen Hund mit einem Leckerli einige Schritte neben dir, bevor du Schritt 1 wiederholst. Dann Leckerli werfen, um deinen Hund aus dem *Platz* zu bekommen. Oft wiederholen!

3. Als nächstes läufst du in Minischritten und ganz langsam vor deinen Hund, während du ihn mit dem Leckerli zum Boden führst. Sobald er liegt, gibst du dein Signalwort *Platz* und läufst einmal ganz um ihn herum. Erst dann wird er belohnt, wenn er liegen geblieben ist. Dein Hund lernt in diesem Schritt: Nicht nur vor dem *Platz*, auch nach dem *Platz* bewegt sich mein Mensch.

4. In Schritt 3 hat dein Körper eine Art Blockade gebildet, als du vor den Hund gelaufen bist, damit er nicht aufsteht, obwohl du dich weiter bewegst. Die Blockade baust du jetzt langsam ab. Trotzdem immer schön in Bewegung bleiben. Gehe nur noch halb vor deinen Hund. Laufe dabei die ganze Zeit in Tippelschritten auf der Stelle. Versuche dann schon mal ein kleines Stück weiter nach vorn zu laufen. Nur so weit, dass dein Hund liegen bleibt.

5. Nach und nach gehst du mit der Leckerlihand immer weniger nach unten, bis du aufrecht stehen bleiben kannst. Dann vergrößerst du langsam den Abstand, den du voraus läufst und auch deine Schnelligkeit.

Signale aus der Bewegung auszuführen, erfordert viel Konzentration von deinem Hund. Trainiere in kleinen Schritten und achte auf viele Wiederholungen. Ist dein Hund ein Profi, kannst du ihn abrufen und auf dem Weg zu dir ins *Platz* bringen. Zu langweilig? Bring deinem Hund *Totstellen* bei und lass ihn das aus der Bewegung machen, zum Beispiel während er auf dich zurennt.

super, denn so wird es dir auch mit den drei wichtigsten Signalen *Platz*, Rückruf und *Nein* (Stopp-Signal) niemals langweilig. Für dich und deinen Hund ist es viel wichtiger, einige ausgewählte Signale sehr gut zu beherrschen, als sehr viele eher schlecht. Wenn ich mich entscheiden müsste, würde ich diese drei Signale immer allen Tricks der Welt vorziehen!

Schwierigkeiten richtig steigern

Baust du Signale sorgfältig auf, garantiert dir das in jeder Situation eine sichere Ausführung von deinem Hund.

HUNDE KÖNNEN NICHT NUR LERNEN, AUF EINEN BESTIMMTEN REIZ ZU REAGIEREN. Sie können lernen, auch auf ähnliche Reize in der gleichen Weise zu reagieren. Das nennt man verallgemeinern oder generalisieren. Mit den Signalen, die du deinem Hund beibringst, muss er das auch erst lernen. Zunächst bedeutet ein *Sitz* nur dort *Sitz*, wo du es deinem Hund beibringst, zum Beispiel in der Küche. Er muss erst lernen, dass *Sitz* auch im Garten, im Wald, wenn du stehst, liegst oder nicht zu sehen bist, *Sitz* bedeutet.

Neue Orte bedeuten für deinen Hund mehr Ablenkung. Mehr Ablenkung ist eine Schwierigkeitssteigerung. Dein Hund braucht genügend Wiederholungen, damit er den Reiz richtig generalisieren kann. Nur dann kannst du sicher sein, dass er *Sitz* in allen Situationen sicher zeigen wird. Deshalb darfst du die Schwierigkeit in Form von mehr Ablenkung nur in kleinen Schritten steigern.

Punktesystem: Wann soll ich die Schwierigkeit steigern?

Um zu wissen, wann du die Schwierigkeit steigern kannst, zählst du in jedem Trainingsschritt Punkte. Bei den meisten Trainingsschritten solltest du 60 Punkte sammeln, bevor du zum nächsten Schritt gehst und dort wieder 60 Punkte sammelst usw. Jede gelungene Ausführung bringt einen Punkt, jede misslungene Ausführung fünf Punkte Abzug. Verliert ihr in einem Trainingsschritt so viele Punkte, dass ihr wieder bei null Punkten angekommen seid, gehst du zum vorherigen Trainingsschritt zurück.

Je schwerer die Übung ist, desto mehr Punkte sollte dein Hund sammeln müssen, bevor ihr zum nächsten Schritt geht. Natürlich musst du diese Punkte nicht an einem Tag und schon gar nicht am Stück sammeln. Dein Hund braucht die Zeit, die er eben braucht.

Auf einen Blick:

- Um deinem Hund etwas beizubringen, musst du zuerst verstehen, wie Lernen funktioniert.
- Ignorieren ist eine wirkungsvolle Strafe. Benutze diese Auszeit wohlüberlegt.
- Sitz ist genauso ein Verhalten wie Pfötchen geben. Dein Hund sieht den Unterschied, den du siehst, nicht.
- Im Training so wenig reden wie möglich und nur so laut wie nötig.
- Signale darfst du nur geben, wenn eine stabile Verknüpfung entstanden ist (100-Euro-Regel).
- Berücksichtige im Training die Regeln für ein perfektes Training und die Phänomene des Überschattens und Verallgemeinerns.
- Achte darauf, Signale von Grund auf richtig aufzubauen. Hinterfrage, ob dein Hund wirklich das verknüpft hat, was du verknüpfen wolltest.
- Hab Spaß im Training!

Übung

SITZ AUS DER ENTFERNUNG

Signale auf Entfernung auszuführen ist für deinen Hund anders, als wenn du neben ihm stehst. Je weiter dein Hund von dir entfernt ist, desto schwieriger ist es für ihn, auf dein Signal zu reagieren. Für diese Übung brauchst du einen Helfer. Grundvoraussetzung ist, dass dein Hund sehr gut auf dein *Sitz* reagiert, wenn du genau neben oder vor ihm stehst. Jetzt steigerst du die Ablenkung, also die Entfernung. Das Signal *Sitz* kennt dein Hund also bereits, er soll jetzt verallgemeinern, also lernen, dass *Sitz* auch *Sitz* heißt, wenn du weiter weg bist.

1. Dein Helfer läuft mit deinem Hund an einer normalen Leine hinter dir. Wenn du etwa zwei Meter weg bist, drehst du dich um und gibst dein Signal *Sitz*. Dein Helfer bleibt in diesem Moment wie angewurzelt stehen. Sobald der Po deines Hundes den Boden berührt, clickst du und gehst zu ihm, um ihn zu belohnen. Steht er auf, bevor du bei ihm angekommen bist, bleibe stehen und schicke ihn zurück ins *Sitz*.

2. Sammle 10 Punkte auf zwei Meter Entfernung. Dann gehst du drei weitere Schritte und sammelst 20 Punkte auf dieser Entfernung. Und so weiter, bis dein Hund sich auch auf Entfernung sicher hinsetzen kann.

Wie du deine eigenen Übungsanleitungen schreibst

Lerne, wie du deinem Hund jeden Trick beibringen kannst, der dir einfällt – ohne eine Anleitung von anderen zu brauchen.

BIS JETZT HAST DU SCHON EINE GANZE MENGE GELERNT. Du weißt, wie Hunde lernen, was primäre und sekundäre Verstärker sind und wie du sie anwendest. Und du kennst alle wichtigen Regeln, um richtig zu trainieren. Zeit für dich, deine eigenen Trainingspläne zu schreiben! So brauchst du keine Übungsanleitungen mehr aus Büchern zu übernehmen, sondern kannst dir deine eigenen Anleitungen für jedes Signal, das dir nur einfällt, selbst schreiben. Und das Beste: Du kannst sie individuell auf deinen Hund anpassen!

Bastle dir ein Trainingsbuch, in dem du für jedes Signal eine neue Seite nimmst. Du kannst das Deckblatt schön gestalten, vielleicht mit einem Foto von deinem Hund. Jedes Jahr nimmst du ein neues Trainingsbuch. So kannst du verfolgen, wann dein Hund was gelernt hat und auch wann du ein Signal zuletzt intensiv trainiert hast und was wieder

Für den Sprung durch die Arme braucht es einige Vorübungen.

aufgefrischt werden müsste. Schreibe oben auf der Trainingsplan-Seite, wie das Signal heißt und das Datum, an dem du mit dem Training angefangen hast. Darunter schreibst du den Trainingsplan für dieses Signal in Schritten auf. Du kannst hinter jeden Schritt ein Kästchen malen, welches du abhaken kannst, sobald dein Hund diesen Trainingsschritt sicher kann.

Alles nur Verhalten!

Du weißt bereits, dass dein Hund nicht bewertet. An sich findet er *Sitz* genauso cool wie *Pfötchen geben*, den Unterschied machst du mit deiner Reaktion. Alles, was dein Hund lernen kann, ist ein Verhalten. Signal, Trick oder sonst was – für deinen Hund verbirgt sich hinter all diesen Anweisungen von dir ein Verhalten, welches er zeigen soll. Ob du also einen Trainingsplan für *eine Cola aus dem Kühlschrank holen* oder *bei Fuß* laufen erstellst, macht keinen Unterschied. Obwohl man das mit der Cola eher als Trick und *bei Fuß* laufen als Signal bezeichnen würde, ist beides ein Verhalten. Die beiden Trainingspläne erstellst du auf die gleiche Art. Bleiben wir gleich mal bei der Cola als Beispiel (das wird deine Freunde definitiv beeindrucken).

Verhaltensketten zerlegen

Verhaltensketten ... was? Ja, eine neue theoretische Sache kommt noch. Aus deinem Bauchgefühl und deiner Hundetrainererfahrung heraus: Welches Signal lässt sich einem Hund leichter beibringen, *Sitz* oder die Cola aus dem Kühlschrank zu holen? Definitiv *Sitz*, oder? Das liegt daran, dass Cola holen eine Verhaltenskette ist. Eine Verhaltenskette setzt sich aus mehreren einzelnen Verhalten zusammen, die dann zusammengesetzt wie ein einziges Verhalten erscheinen.

Genau genommen ist auch *Sitz* eine Verhaltenskette, aber eine viel kürzere. Dein Hund muss sich hinsetzen, dich eventuell anschauen und sitzen bleiben – das sind drei einzelne Verhalten, die zusammen das Signal *Sitz* ergeben. Dein Hund könnte sich ja auch nur hinsetzen oder dich nur anschauen, deshalb einzelne Verhalten.

Wie man Trainingspläne für so einfache Verhalten wie *Sitz* erstellt, hast du in die-

Vargen übt die einzelnen Schritte der Verhaltenskette *Zeitung bringen*.

sem Kapitel sogar schon gelernt. Blätter mal zurück zu „Signale richtig aufbauen“ und „Schwierigkeiten richtig steigern“ auf den Seiten 42 und 52 und lies dir das noch einmal durch. Auf meiner Trainingsbuchseite für *Sitz* könnte also stehen:

1. Leckerli über den Kopf führen und Hund zum Sitzen bringen (bevor du zum nächsten Schritt gehst: 10 Punkte sammeln, Seite 52).
2. Schritt 1 wiederholen und dabei *Sitz* sagen (60 Punkte).
3. Schritt 2 im Garten wiederholen (60 Punkte).
4. Im Wohnzimmer *Sitz* üben (7 Punkte).
5. Schritt 2 wiederholen (10 Punkte).

Die Schritte bauen aufeinander auf, wie du es im Kapitel „Signale richtig aufbauen“ gelernt hast. In Schritt 1 wird der Hund dazu gebracht, das Verhalten zu zeigen. Schritte 2 und 3 sind die Verknüpfungsphase und Schritt 4 ist ein Test der Ausführungsphase (100-Euro-Regel!). Mit Schritt 5 habe ich nochmal eine Art Sicherheits-Verknüpfungsphase eingebaut. Nach Schritt 5 sollte Vargen das Signal *Sitz* in Situationen ohne Ablenkung richtig interpretieren können. Eine stabile Verknüpfung (Seite 48) hat sich natürlich noch nicht gebildet, aber Vargen würde *Sitz* nun „verstehen“.

Mit Absicht sage ich nicht „Nach Schritt 5 sollte dein Hund *Sitz* richtig interpretieren“, sondern Vargen! Denn darum geht es in selbst erstellten Trainingsplänen: Das Training passt sich deinem Hund an und der ist vielleicht langsamer oder schneller als Vargen. Deshalb kann ich keinen Trainingsplan für deinen Hund erstellen und du kannst diesen nicht einfach so übernehmen.

Wie viele Punkte du jedem Schritt zuordnest, ist eine Gefühlssache. Ganz richtig liegt man nie, das merkt man dann später im Training und dann kann man sich korrigieren. Je mehr du trainierst, desto besser wird auch dein Gefühl für deinen Hund und sein Lerntempo.

Und wo bleibt meine Cola? Der Cola widmen wir uns jetzt. Wäre das nicht cool, du liegst auf der Couch, viel zu faul, um dich zu bewegen, und dein Hund bringt dir auf dein Signal eine Cola aus dem Kühlschrank? Am besten schließt du kurz deine Augen und stellst dir ganz genau vor, wie dein Hund dir die Cola holt, du sie öffnest und die erfrischende ...

Nein, der Teil interessiert uns für den Trainingsplan nicht wirklich, aber die Augen zumachen musst du trotzdem nochmal. Stell dir jetzt nur den Teil, in dem dein Hund die Cola holt, vor. Lass es wie einen Kurzfilm ablaufen und probiere, es dir bis ins Detail vorzustellen. Dabei fallen dir die ersten Schwierigkeiten auf, für die du eine Lösung finden musst, bevor du anfängst zu trainieren.

Du sagst *Cola*, dein Hund läuft zum Kühlschrank, öffnet ihn – Mooooment. Wie öffnet dein Hund den Kühlschrank? Kein Problem, dank deiner Kreativität hast du natürlich schon ein Handtuch oder eine dicke Kordel, um den Kühlschrankgriff geknotet, an der dein Hund ziehen kann. Dein Hund holt also jetzt die Colaflasche aus dem Kühlschrank, bringt sie zu dir und geht dann – der Umwelt zuliebe – nochmal zurück, um den Kühlschrank zu schließen.

Beim Erstellen eines Trainingsplans stellst du dir im ersten Schritt das Verhalten bis in jedes kleinste Detail vor. Schreibe es dann wie hier im Beispiel als eine Aufzählung mit Kommas auf. Das hilft dir im nächsten Schritt.

Schritt zwei ist, dass Verhalten als Verhaltenskette zu erkennen („Cola holen“ setzt sich aus mehreren einzelnen Verhalten zusammen, die dann zusammengesetzt wie ein einziges Verhalten erscheinen!) und in seine Einzelteile zu zerlegen. Na dann, zählen wir mal. Drei Verhalten lassen deinen Hund eine Cola holen: Kühlschrank öffnen, Cola apportieren, Kühlschrank schließen. Und diese Verhalten übst du jetzt einzeln. Wann und in welcher Reihenfolge ist egal, für deinen Hund sind es einzelne Signale. Du erstellst also unter deinem Trainingsplan „Cola aus dem Kühlschrank holen“ mit dem Signalwort *Cola* noch drei Unter-Trainingspläne für „Kühlschrank öffnen“, „Cola apportieren“ und „Kühlschrank schließen“.

Das sind drei einfache Verhalten. Im Trainingsplan-Schreiben bist du mittlerweile Profi. Trotzdem liefere ich dir jetzt noch ein Beispiel für das schwierigste Verhalten von den dreien: *Kühlschrank schließen.*

Um den Kühlschrank zu schließen, muss dein Hund ihn mit der Pfote oder Nase berühren. Dafür bringst du ihm ein Touch-Signal bei. Das macht man meistens mit einem sogenannten Targetstick. In unserem Fall macht sich ein Klebepunkt besser, also ein Stück klebendes Papier. Und ab jetzt kommt dir alles bestimmt sehr bekannt vor.

1. Bringe deinen Hund dazu, den Punkt zu berühren. Das geht am leichtesten mit dem Clicker. Klebe den Punkt auf deinen Finger und halte ihn vor die Hundenase. Ein Blick in die Richtung vom Punkt – Click und Leckerli. Dann eine Bewegung zum Punkt – Click und Leckerli. Und dann gibt es nur noch einen Click, wenn dein Hund den Punkt sanft und später immer stärker berührt.

2. Sage *Touch*, wenn dein Hund den Punkt berührt.

3. Klebe den Punkt an den offenen Kühlschrank und wiederhole Schritt 1. Drückt dein Hund stark genug, um die Kühlschranktür zu bewegen – gut loben!

4. Wiederhole Schritt 2 am Kühlschrank.

5. Sage *Touch* und schau, ob dein Hund die Kühlschranktür schließt.

Diesen Trainingsplan kannst du als Orientierung nehmen. Punkte für jeden Schritt zuordnen nicht vergessen! Die Trainingspläne für *Kühlschrank öffnen* und *Cola apportieren* darfst du jetzt selbst erstellen.

Verhaltensketten zusammensetzen

Jetzt denkst du dir: „Na super, mein Hund kann *Kühlschrank öffnen, Cola apportieren* und *Kühlschrank schließen.* Aber was ist jetzt mit meiner Cola an die Couch?“ Die bekommst du, denn natürlich setzen wir die Verhaltenskette jetzt zusammen, nachdem wir ihre einzelnen Verhalten getrennt trainiert haben. Und zwar machen wir das Ganze rückwärts! Zuerst lässt du dir die Cola, die neben (!) dem Kühlschrank steht, apportieren.

Dann aus dem Kühlschrank heraus (mehrmals wiederholen!). Jetzt gehst du weiter weg und lässt sie dir aus dem geöffneten Kühlschrank bringen und dann erst lässt du deinen Hund den Kühlschrank öffnen, bevor er die Cola bringt. Zum Kühlschrankschließen musst du deinen Hund sowieso extra losschicken, nachdem er die Cola gebracht hat, deshalb wird das beim Training nicht vorne dran gehängt. Denke an die Wiederholungen nach jedem Schritt!

Du siehst, hinter einigen Tricks verbergen sich komplizierte Verhaltensketten, bei denen man manchmal um die Ecke denken muss, um Probleme zu lösen. Hast du das Prinzip des Auseinandernehmens und Zusammensetzens von Verhaltensketten verstanden, wirst du es schaffen, deine eigenen Trainingspläne für schwierige und beeindruckende Signale zu entwickeln. Mit *Cola aus dem Kühlschrank holen* habe ich absichtlich eine schwierige Verhaltenskette gewählt. Probiere doch gleich einmal, einen Trainingsplan für ein anderes Signal zu erstellen!

Mia setzt die Verhaltenskette *Über Vargen springen* gemeinsam mit mir zusammen.

Ein richtiges Hunde-leben!

Den Hund durch Bewegung auslasten

Ausreichend Bewegung ist ein Grundbedürfnis deines Hundes. Sie sollte deine erste Wahl sein, um Verhaltensproblemen vorzubeugen und ihn glücklich zu machen.

VIELE SOGENANNTE „VERHALTENSPROBLEME" BEI HUNDEN, also Verhaltensweisen, die wir als abweichend vom normalen Verhalten festlegen, haben ihren Ursprung in einer nicht artgerechten Haltung. Keine artgerechte Haltung – das klingt erstmal hart. Wie artgerechte Haltung auszusehen hat, ist sogar im Tierschutzgesetz festgelegt. Vereinfach gesagt ist damit gemeint, dass es dem Hund gut geht und er ein schönes Leben hat. Hunde haben bestimmte Bedürfnisse, die erfüllt werden müssen, damit sie sich wohlfühlen. Die Bedürfnisse deines Hundes zu erfüllen, ist deine Aufgabe. Einige Bedürfnisse kennst du schon: fressen, trinken und schlafen. Um diese Bedürfnisse kümmerst du dich bereits.

In diesem Kapitel geht es um ein weiteres Bedürfnis deines Hundes: die Auslastung. Die ist sehr wichtig, trotzdem wird sie oft unterschätzt. Genau wie fressen, trinken und schlafen muss das Bedürfnis nach Auslastung erfüllt werden, damit dein Hund sich „hundum" wohlfühlt. Und von einem glücklichen Hund profitierst vor allem du!

Wann dein Hund ausgelastet ist, merkst du selber gut. Jeder Hund hat ein anderes Bedürfnis nach Bewegung (physischer Auslastung) und Training (psychischer Auslastung). Besonders die „Flummi-Hunde", die so viel Energie haben, dass sie sich kaum bändigen lassen, profitieren von besserer Auslastung. Im Alltag lassen sich die beiden Auslastungsarten gar nicht so strikt trennen, das wirst du noch merken. Deshalb ist ab jetzt mit Auslastung immer beides gemeint.

Viele Familienhunde haben leider zu wenig Auslastung. Hunde sind sehr anpassungsfähig. Ein Hund, der jeden Tag 30 Minuten Gassi geht, wird irgendwann aufhören, nach mehr zu verlangen und sich damit begnügen. Trotzdem ist das nicht genug! 30 Minuten laufen sind doch gar nicht so wenig, denkst du dir? Ja das stimmt, ABER – und das ist ein großes Aber: Die Zeit, in der ein Hund ausgelastet wird, musst du immer in Relation setzten mit der Zeit, in der er nicht ausgelastet wird. Damit ist gemeint: Für einen Hund der 6 Stunden alleine ist, dann 30 Minuten Gassi geht, dann sich selbst überlassen wird, bis er am nächsten Tag wieder allein ist, sind 30 Minuten ein Witz.

Vielen Hunden geht es leider genau so – oft nicht einmal aus böser Absicht, sondern weil sich schnell Routine einschleicht und viele Sachen wichtiger erscheinen. Deshalb möchte ich dir einige Ideen vorschlagen, mit denen du Abwechslung ins Hundeleben und mehr Spaß in deins bringst. Dann kannst du dir eine neue Routine aufbauen!

Hunde, die nur Quatsch machen, sind nicht ausgelastet.

Bewegung ist für deinen Hund das Allerwichtigste, um ausgelastet zu sein; und ein ausgelasteter Hund ist ein glücklicher Hund. Eine wichtige Sache solltest du dir jetzt schon merken: Die meisten Verhaltensweisen, die als problemhaft eingestuft werden, entstehen durch eine schlechte Auslastung. Das heißt zwar nicht, dass alle Hunde, die an der Leine ziehen, das nur machen, weil sie zu wenig Bewegung haben – es heißt aber, dass alle Hunde, die zu wenig Bewegung haben, an der Leine ziehen. Macht das Sinn für dich? Alles was Hunde wollen ist Action und das Gute daran ist: Ordentlich an der Leine laufen ist auch Action!

Dein Auslastungsstundenplan

Allerdings ist es nicht immer ganz leicht, deinen Alltag so zu gestalten, dass auch dein Hund nicht zu kurz kommt. Wahrscheinlich sieht dein Alltag ungefähr so aus: In der Woche stehst du morgens auf und machst dich für die Schule fertig. Da bleibt nicht genug Zeit, um auch noch etwas mit deinem Hund zu machen, außer ihn zu füttern und eine kleine Runde zu laufen. Und je weiter dein Schulweg ist, umso früher musst du ja sowieso schon aufstehen. Eine halbe Stunde früher aufzustehen, um mit dem Hund einen längeren Spaziergang zu machen, ist da nicht drin – also fällt der Morgen für mehr Auslastung weg. Bleibt noch der Nachmittag. Je nachdem, in welcher Klasse du bist, kommst du auch eher spät nach Hause und/oder musst dann noch Hausaufgaben machen. Außerdem hast du noch andere Hobbys; Mama will, dass du mal eben den Geschirrspüler ausräumst und, und, und. Es gibt keinen Durchschnittshaushund, der ohne einen täglichen „Job“, wie Hunde ihn früher hatten, mit einem Menschen zusammen wohnt und perfekt ausgelastet ist. Aber deine Aufgabe ist es, dein Bestes zu tun!

Sieh die folgenden Möglichkeiten als einzelne Bausteine an, die zusammen einen Auslastungsstundenplan für eine Woche bilden. Wenn du Montag einen Abenteuerspaziergang machst und trainierst, Dienstag schwimmen gehst, Mittwoch zur Hundeschule und so weiter ... dann hast du es geschafft, deinen Hund besser auszulasten und wirst große Veränderungen in seinem Verhalten sehen.

Gemeinsames Training bringt Abwechslung in die täglichen Gassirunden.

Gassi gehen

Ja, ja, das berühmte Gassigehen. Unter den Nicht-Hundebesitzern genauso bekannt wie Stöckchen werfen. Wir starten hier gleich mit der abwechslungsreichsten Bewegungsmöglichkeit, die du hast – deiner Kreativität sind keine Grenzen gesetzt. Zur Grundausstattung gehört nur eine Leine. Du kannst es immer und überall machen. Leider ist das Wort einfach sowas von negativ belastet – also vergiss alles, was du weißt, wir definieren Gassi gehen jetzt neu. Langweilig muss es nämlich nicht sein.

Von allen Möglichkeiten deinem Hund die Bewegung zu verschaffen, die er jeden Tag braucht, ist das Gassigehen die abwechslungsreichste. Deine Challenge für den nächsten Monat deshalb: Kein Gassigehen wie das von gestern. Für Hunde mit ihrem superguten Geruchssinn ist es wichtig, neuen Input für ihr Gehirn zu bekommen, deshalb nicht zweimal nacheinander die gleiche Runde laufen. Baue Spiele in den Spaziergang ein und wenn es nur Stöckchen werfen oder Verstecken ist. Es geht darum, dass ihr nicht mehr still nebeneinander her latscht und, wenn dein Hund sein Geschäft gemacht hat, auf dem Absatz kehrtmacht.

Ich werfe jetzt mal in den Raum: Mindestens eine Stunde Bewegung am Tag sollte für jeden Hund drin sein! Jetzt denkst du dir „Waaas eine Stunde? Morgens hab ich ja keine Zeit, dann kann ich das nicht mal aufteilen; das ist voll viel!“ Und weißt du, warum du das denkst? Weil eine Stunde Bewegung für dich gleichbedeutend mit einer Stunde in der Pampa rumlaufen ist. Wie schnell vergeht eine Stunde Computer spielen – schnell. Warum? Weil du Spaß hast. Mit wem kann man am meisten Spaß haben? Richtig mit deinem Hund! Du ahnst es schon, deine Computerspielstunde wurde gerade gestrichen (tut mir nicht leid, du wirst es mir noch danken) und in etwas Cooleres umgewandelt. Oder was dir sonst so als nicht wirklich wichtig auffällt: Ich verspreche dir, du wirst eine Stunde finden.

Nein, nicht nur in der Pampa rumlaufen

Du und dein Hund, ihr seid ein Team. Immer wenn ihr zusammen seid, ist Teamzeit angesagt!

Um Teamzeit aus dem Gassigehen zu machen, musst du aufhören, nur hinter deinem Hund herzulatschen. Gehe in den Wald und baue einen Agility-Parcours aus Stöcken. Spiele Hänsel und Gretel und streue eine Leckerli-Spur zu einem „Hauptgewinn“. Verstecke Leckerlis in den Spalten einer Baumrinde. Der Sinn ist, etwas mit deinem Hund zu unternehmen. Gehe von deinen üblichen Gassiwegen weg und laufe querfeldein (wo es erlaubt ist). Nehme eine Apportiertasche mit oder, wenn dein Hund schon apportieren kann, lass ihn Stöcke holen. Sei einfach bei ihm, selbst wenn du nur mal ein Stück mit ihm rennst.

Kleine Übungen während der Gassirunde halten deinen Hund aufmerksam.

Gassizeit ist Trainingszeit

Vielleicht kennst du sie, diese Nachbarshunde, die hinter dem Zaun verrücktspielen, wenn du vorbeiläufst. Manchmal ist es schwer, deinen Hund dann zu halten. Hier ist der Trick: Erst einmal einen Bogen laufen, aber nicht für immer. Nur solange, bis du und dein Hund einen Schlachtplan entwickelt habt. Dann übst du die schwierige Stelle beim Gassigehen. Nicht vergessen: Unser Ziel ist ruhig, freundlich und bestimmt zu sein! Nachdem ihr es an dem Kläffer vorbeigeschafft habt, ist die Runde, die ihr sonst nicht laufen konntet, schon eine tolle Belohnung.

Alles andere, was ihr zu Hause gerade übt, geht beim Gassigehen in die zweite Runde – denn jetzt kommt Ablenkung dazu. Von *Sitz* bis *Durch die Arme springen*. Dein Hund kann mehr, als du denkst, und viele Hunde wollen auch mehr, als ihre Besitzer denken. Ich kann es nicht oft genug sagen: Nicht einfach nur laufen und den Hund rennen lassen!

Also suche dir jetzt ein Ziel und dann ab zum Trainingsplan. Vargen und mein letztes Ziel war zum Beispiel, die Leine irgendwann ganz zu Hause lassen zu können, auch in der Stadt. Auf dem Weg dahin solltest du dir ganz viele kleine Ziele setzen: über die Straße *bei Fuß* gehen, keine Katzen „fressen", keine Fahrradfahrer „fressen", keine Omis „umrennen", weil sie Futter haben könnten.

Viele Hunde machen es, viele Besitzer sind genervt: an der Leine ziehen. Auch das kannst du am besten beim Gassigehen üben. Und auch hier sind viele Besitzer genervt: beim Zurückkommen. Problemen geht man im Training gern aus dem Weg, bis man einen Lösungsweg hat. Aber du kannst ja jetzt nicht einfach nicht mehr raus gehen. Richtig, dein Hund kommt an eine lange Leine, bis du mit dem Rückruf-Training ein Level up bist und draußen trainierst. Mit der langen Leine sind wir schon bei der nächsten Frage.

Wie weit darf sich mein Hund entfernen?

Ein Gefühl für den Umkreis, in dem sich dein Hund bewegen darf, zu entwickeln, ist nicht ganz leicht. Die Leine ist nur eine Sicherheit und eure Verbindung ist reine Kopfsache (mehr dazu im Kapitel „Achtung, Problemzone!“, ab Seite 80). Trotzdem fühlst du dich vielleicht unsicher, wenn dein Hund abgeleint läuft. Das ist auch normal und gut. Wichtig ist aber, dass es nicht ausartet. Zum Beispiel solltest du deinen Hund nicht ständig hysterisch rufen, wenn er dir zu weit weg ist. Bleibt dein Hund nicht von alleine in einem für dich angenehmen Umkreis, sondern rennt außer Sichtweite, dann kann dir die Übung rechts helfen.

Oder du lässt ihn an der Schleppleine (eine sehr lange Leine). Und deinen Mitmenschen zuliebe: Kreische nicht panisch rum, wenn du in eine vermeintlich gefährliche Situation kommst. Denke daran, dass dein Hund Augen und Ohren hat! Ich weiß, es ist schwer, aber wenn ein Auto kommt und dein Hund zu weit entfernt ist, um ihn anzuleinen, kann es eher gefährlich sein, ihn zu rufen. Denn er könnte quer über die Straße laufen. Probiere eher, den Autofahrer aufmerksam zu machen. Andererseits solltest du das

Übung

BLEIB IM UMKREIS

Dieses Signal soll für deinen Hund bedeuten „Hey, du bist zu weit weg, warte kurz.“ Als Signalwort kannst du zum Beispiel *Hallo* oder *Hey* nehmen.

1. Beginne das Training drinnen. Dein Hund ist nicht genau neben dir. Sage dein Signalwort und wirf ein Leckerli in Richtung deines Hundes. Wiederhole das zehnmal.
2. Jetzt trainierst du draußen. Dein Hund läuft vor dir. Bevor er zu weit weg läuft, gibst du dein Signalwort und wirfst ein Leckerli in seine Richtung. Wiederhole das oft.
3. Gib zur Probe dein Signalwort. Dein Hund sollte jetzt stehen bleiben und auf sein Leckerli warten.
4. Steigere langsam die Entfernung, aus der du dein *Hey*-Signal gibst. Wenn dein Hund ein Stück auf dich zuläuft, anstatt zu warten, ist das nicht weiter schlimm.

Ganze natürlich nicht zu locker nehmen. Jeder, der jemals mit mir Gassi gegangen ist, hört früher oder später den Satz „Wo ist eigentlich Vargen?!" von mir. Klingt lustig, ist es auch, solange ich weiß, dass sie noch in der Nähe ist. Man kann seinen Hund aber auch verlieren. Dann solltest du ruhig bleiben und zurück zu der Stelle gehen, wo du ihn zuletzt gesehen hast – und dann rufen wie blöde! Die wenigsten Hunde laufen allein zurück nach Hause.

Die Ausnahmeregel

Du warst in der Schule, dann beim Musikunterricht, beim Sport, kommst nach Hause und musst noch dieses eine Buch für die Schule lesen und deinem Kumpel hast du auch versprochen zu telefonieren und dann ist da ja noch dein Hund. Jetzt gilt eins: Eine Stunde ist besser als 10 Minuten, aber 10 Minuten sind besser als gar nichts, und Teamzeit ist besser als laufen, aber einfaches Laufen ist besser als ... ja, du hast verstanden.

Nimm dir das Buch, das du lesen musst mit, setz dich auf einen Stein und lies. Oder lies beim Laufen (aber nicht gegen Laternen rennen, ich spreche aus Erfahrung). Such dir einen Grund zum Gassigehen: Vielleicht muss ein Brief zum Briefkasten oder ihr braucht Eier vom Nachbarn oder was aus dem Supermarkt. Die Keine-Zeit-Ausrede zieht bei dir ab jetzt leider nicht mehr.

Und was ist, wenn du keine Lust hast? Nimm dir Kopfhörer und höre Musik. Lies ein Buch, das cool ist und das du nicht für die Schule brauchst. Rufe deine Freundin an, die du schon ewig nicht mehr angerufen hast, und telefoniere.

Schlechtes Wetter? Zieh dich warm und falls nötig regenfest an! Ja, ich weiß, das wolltest du jetzt nicht hören, aber solange du draußen überleben kannst, gilt diese Ausrede auch nicht mehr. Apropos überleben, nimm dein Handy

mit. Auch wenn du dir denkst: „Ach, ich bin eh gleich wieder da." Es können die bescheuertsten Sachen passieren. Vargen und ich haben uns einmal aus unserem eigenen Dorf heraus verlaufen (5 Stunden lang!). Ich hatte am Ende keine Ahnung mehr, wo ich bin, und nein, ich hatte kein Handy dabei.

Lass die anderen die Arbeit machen

Niemand kann deinen Job besser machen als du – außer andere Hunde. Also los, spiel Partnervermittlungsagentur und such deinem Hund Freunde in deinem Ort! Vielleicht sind die Herrchen ja auch ganz in Ordnung. Mit der Zeit bekommst du sogar einen Röntgenblick dafür, welche Hunde gut zu deinem passen könnten. Und dann lauft ihr zu viert in den Sonnenuntergang. Ich liebe Gassi gehen zu zweit. Das klingt schnulzig, aber es ist wirklich toll. Und hab keine Angst, andere Hundebesitzer anzusprechen, auch wenn sie nicht in deinem Alter sind. Ihre Hunde brauchen ja schließlich auch eine Gang, um über die Felder zu toben.

Fahrrad fahren

Rund, praktisch, gut. Jeder hat eins zu Hause: das Fahrrad. Und jetzt bringen wir den Hund an das Rad. Du musst einige Dinge checken: Dein Hund sollte nicht zu alt sein und keine chronischen Krankheiten haben, die sich durch körperliche Belastung verschlechtern könnten. Hier hilft dir dein Tierarzt.

Fahrrad fahren ist zum Beispiel super, wenn du keine Stunde Zeit hast und du trotzdem einen ausgelasteten (= entspannten) Hund möchtest. Wenn du einen anstrengenden Tag hattest, aber dein Hund noch gar nicht draußen war. Oder wenn du das Gefühl hast, laufen ist dir jetzt zu anstrengend. Ich fahre mit Vargen zum Beispiel gern eine Runde Fahrrad, wenn ich weiß, sie muss gleich für eine Weile ins Auto.

Mit Hund ist Fahrrad fahren anfangs nicht ganz leicht, aber wenn du es dann kannst, ist es toll. Übe zunächst auf einer unbefahrenen Straße, bevor du in die Stadt fährst. Dort ist das Fahrradfahren nur erlaubt, wenn du deinen Hund sicher führen kannst. Es ist wichtig, einige Dinge zu beachten:

Radfahr-Checkliste:

- Fahrrad „fährt" dein Hund niemals am Halsband, sondern am Geschirr.
- Du nimmst die Leine nicht in die Hand, sondern lässt dir von Papa einen Fahrrad-Hund-Abstandshalter anbauen. (Wenn dein Hund stark ist, achte darauf, dass du einen mit einer Feder bekommst.)
- Wenn du die Möglichkeit hast, nimm nicht unbedingt das neue Rennrad, sondern den alten Drahtesel, denn das Fahrrad wird in Mitleidenschaft gezogen werden – genauso wie du, deshalb setze einen Helm auf.

- Entlaste deinen Hund, indem du mittrittst. Ausgedehnte Sprints solltest du vermeiden, das ist belastend für die Gelenke, aber gegen ein kleines Stück ist nichts einzuwenden (der Trab ist übrigens die sanfteste Gangart). Border Collies können zum Beispiel bis zu 49 km/h schnell werden ... Anstrengend ist es trotzdem nicht, jedenfalls für dich nicht, wenn du einen Powerhund hast.

Dogscooter

Der Dogscooter ist praktisch ein Tretroller mit großen Reifen, an den du vorn deinen Hund anleinst – und dann zieht er dich. Das macht wirklich unglaublich Spaß und ist auch nicht nur was für Huskys, sondern für alle Hunde ab etwa 20 kg, die gerne powern. Der Dogscooter hat es aber auch in sich. Um ihn zu fahren, musst du ein paar Sachen beachten:

Dogscooter-Checkliste:

- Auf jeden Fall musst du einen Helm aufsetzen und du solltest über Knieschützer nachdenken. Nicht mit locker sitzenden Schuhen fahren und wenn es kalt ist, nicht ohne Handschuhe. Beide Hände bleiben nämlich genau wie beim Fahrrad am Lenker.
- Beim Anfahren mit antreten, sonst wird es ruckartig.
- Du kannst den Dogscooter kaufen oder selbst aus einem Tretroller bauen. Er muss Scheibenbremsen haben, und zwar vorne und hinten. Hunde werden ganz schön stark, wenn sie ein Reh flitzen sehen ...
- Außerdem kannst du eine Sicherheitshalterung einbauen, mit der du den Hund im Notfall ableinen kannst (was für mich oft sehr sinnvoll war). Dafür auch am besten Papa fragen.
- Die Belastung am Dogscooter ist sehr hoch, deshalb brauchst du ein spezielles X-Back-Zuggeschirr und eine Jöringleine. Beides kannst du im Internet im Schlittenhundfachgeschäft bestellen.
- Hunde können am Dogsooter maximal das Dreifache ihres Körpergewichts ziehen. Also vorher beide auf die Waage stellen.
- Der Untergrund ist auch sehr wichtig, am besten geeignet sind Waldwege, die gut federn. Weil der Hund jetzt vor dir läuft, kannst du nicht – wie beim Fahrrad – auf der Straße und der Hund auf dem Grünstreifen

daneben laufen. Das Tolle ist wirklich die Geschwindigkeit.

- Vorsicht, wenn es bergab geht: Niemals den Hund überholen!
- Wenn du in der Gruppe mit Fahrradfahrern zusammen fährst, müssen die anderen ein bisschen Rücksicht nehmen, manchmal wechseln Hunde unerwartet die Richtung. (Hase, Hase, Hase, Hase!)
- Möchten deine Freunde es mal ausprobieren, fährst du mit deinem Hund zuerst ein Stück und dann lässt du deine Freunde mit deinem Hund auf dich zu fahren, nicht von dir weg.
- Wenn es über 20 Grad warm ist, musst du leider aufs Dogscooterfahren verzichten.

Inliner und Longboard

Dafür musst du gut fahren können. Jetzt sind Ganzkörperschützer und auf dem Board ein Skatehelm angesagt! Besser erstmal ohne Hund üben.

Mit Hund nimmst du das Zuggeschirr und die Jöringleine einfach in die Hand. Skaten mit Hund ist wirklich nicht so leicht, sei vorsichtig und im Zweifelsfall immer sofort die Leine loslassen. Zum Skaten eignen sich Radwege, Deiche oder andere nicht befahrene Straßen.

Schwimmen

Wenn dein Hund eine Wasserratte ist und das Wetter es zulässt, ist schwimmen super, um Bewegung zu bekommen. Denn es ist gelenkschonend und abkühlend.

Wirf einen Stock und wenn dein Hund ihn hat und auf dem Rückweg ist, darfst du mal gemein sein und wegrennen, um noch mehr Anstrengung herauszuholen. Wenn du mit ins Wasser gehst, sei vorsichtig, viele Hunde versuchen, auf einen zu klettern und zerkratzen einen dabei.

Was du noch machen kannst

- Tritt einem Hundesportverein bei.
- Besuche die Hundeschule.
- Nimm deinen Hund so oft es geht mit. Er ist dein kleiner Begleiter und es ist superschön für ihn, Abenteuer gemeinsam mit dir zu erleben. Ausflüge zum See, Tierpark oder einfach nur zur Post – dein Hund ist gerne mit dabei.

Training: Auslastung im Kopf

Hunde wollen nicht nur körperlich ausgelastet sein – sie brauchen auch täglich Denkaufgaben und neue Reize. Welches gemeinsame Hobby könnte zu euch passen?

FÜR DIE PSYCHISCHE AUSLASTUNG DEINES HUNDES, also für den Kopf, ist regelmäßiges Training unerlässlich. Am besten, du trainierst täglich. Was du trainierst, ist grundsätzlich egal. Wichtiger ist, auf welchem Schwierigkeitslevel. Damit dein Hund auch im Kopf gut ausgelastet ist, muss er regelmäßig gefordert werden. Training, bei dem dein Hund sich langweilt, bringt nichts. Genauso wenig wie Training, bei dem er ständig überfordert wird. Die Mitte macht's also. Tipps für besseres Training findest du im Kapitel „Das lernt dein Hund“ ab Seite 38.

Hunde-Hobbys

Heute sind Hunde Familienhunde. Ihre Aufgabe ist es vor allem, uns Gesellschaft zu leisten. Früher wurden Hunde für ihre Hilfe bei echter Arbeit geschätzt. Um ihre damaligen Aufgaben zu erledigen, brauchten sie bestimmte Eigenschaften wie zum Beispiel Schnelligkeit, Intelligenz, Freundlichkeit oder Ausdauer. Die Menschen verpaarten Hunde, die die jeweiligen gewünschten Eigenschaften besaßen. So entstanden Hunde, deren Eigenschaften immer ausgeprägter wurden. Heute teilen wir Hunde nach diesen Eigenschaften in Gruppen ein, die Rassen. Jede Rasse lässt sich außerdem in eine Hauptgruppe einordnen, je nachdem welche Aufgabe diese Rasse für die Menschen ausübt.

Das bedeutet, dass auch dein Hund über bestimmte Eigenschaften verfügt. Er kann mehrere Dinge sehr gut und diese Dinge machen ihm viel Spaß. Diese Fähigkeiten brauchte seine Rasse früher für ihre Arbeit.

Heute kann dein Hund seine ursprüngliche Arbeit wahrscheinlich nicht mehr ausführen. Um ihm ein artgerechtes Leben zu ermöglichen, sollte er jedoch regelmäßig etwas machen können, was dieser Aufgabe möglichst nahe kommt. Du solltest ihm also ein Hobby suchen!

Schau am besten im Internet nach, wenn du dir unsicher bist, welcher Gruppe dein Hund angehört. In der zweiten Spalte der Tabelle rechts siehst du, welche Aufgabe diese Gruppe ursprünglich ausführte. Ganz rechts findest du Vorschläge für Hobbys, die den ursprünglichen Aufgaben ähneln und die du leicht umsetzen kannst.

Natürlich musst du dich nicht für das Hobby, das laut der Tabelle zu deinem Hund passt, entscheiden. Wichtig ist auch, was dir Spaß macht – nur weil dein Hund ein Terrier ist, heißt das nicht, dass ihm Dogdancing Spaß machen muss und er nichts für Dummy-Training übrig hat. Du und dein Hund entscheiden.

Auf einen Blick:

- Dein Hund braucht regelmäßige körperliche Bewegung. Je mehr Bewegung er hat, desto ausgelasteter und ruhiger wird dein Hund.
- Training auf dem richtigen Schwierigkeitsgrad ist genauso wichtig wie Bewegung.
- Viele Probleme, die ihr beiden habt, haben ihren Ursprung in ungenügender Auslastung deines Hundes.
- Je mehr Zeit du mit deinem Hund verbringst, desto besser wird eure Beziehung.
- Jeder Hund braucht ein Hobby.

Immer überlegen: „Ist mein Hund ausgelastet und glücklich?" und wenn nein: „Wie kann ich das ändern?"

	Ursprüngliche Aufgabe	Eigenschaften	Mögliche Hobbys
Apportierhunde / Stöberhunde / Wasserhunde (wie Labrador Retriever, Golden Retriever, Curly Coated Retriever)	Geschossenes Wild aufspüren und zum Jäger bringen; Wild suchen, finden und in die gewünschte Richtung treiben; jagen von Booten aus; Beute aus dem Wasser apportieren	Gelehrig, selbstständig, verspielt, besonders gute Schwimmer und freudige Apportierer	Dummy-Training, Rettungshundearbeit, Flyball, Schwimmen, Dogdancing
Herdenschutzhunde / Hütehunde (wie Berger de Brie, Kangal, Border Collie, Shetland Sheepdog, Australian Shepherd)	Beschützen und Verteidigen sowie Zusammenhalten der Herde, auf Anweisungen vom Hirt reagieren	Selbstständig, ausgeprägter Schutztrieb, außergewöhnlicher Gehorsam	Rettungshundearbeit, Zughundesport, Mobility, Agility, Turnierhundesport, Dogdancing, Discdogging
Jagdhunde (wie Weimaraner, Pointer, Deutsch Drahthaar)	Je nach Einsatzgebiet Wild aufscheuchen bzw. hetzen, Wild aufspüren und aus dem Bau treiben	Feine Nase, gute Beherrschung, lauffreudig	Mantrailing, Fährtensuche, Flyball, Coursing, Schleppjagd
Terrier (wie Jack Russell Terrier, Parson Russell Terrier, Scottish Terrier)	Wild aus dem Bau jagen, Wild im Bau „einsperren"	Energiegeladen, offenes Wesen, eigensinnig, neigen zum Jagen, bellen und buddeln gerne	Ausgedehnte Spaziergänge (Bewegung), Agility, Turnierhundesport, Dogdancing, Discdogging
Begleithunde (wie Bolonka Zwetna, Chihuahua, Französische Bulldogge)	Den Menschen begleiten	Natürliche Triebe sind zurückgebildet, handlich und kompakt, freundlich	Alltagstraining, Frauchen und Herrchen überall hin begleiten, Dogdancing
Nordische Hunde (wie Husky, Shiba Inu, Eurasier)	Jagen, Schlitten ziehen	Neugierig, eigensinnig, sehr starker Jagdtrieb, starkes Bewegungsbedürfnis	Zughundesport, Dogscooter, Dummy-Training

Achtung, Problemzone!

Unerwünschtes Verhalten in den Griff bekommen

Mit einem Plan und Geduld lässt sich jedes Verhalten ändern. Wie du das am besten machst, erfährst du in diesem Kapitel.

GENAU WIE DU, LERNT DEIN HUND SEIN LEBEN LANG. Er lernt neue Situationen kennen, neue Signale und coole Tricks. Aber er lernt auch eine ganze Menge Quatsch. Diesen Quatsch nennen wir dann Verhaltensprobleme. Verhaltensprobleme sind von uns Menschen unerwünschtes Verhalten.

Dieses unerwünschte Verhalten hat immer einen ganz bestimmten Grund. Die meisten Verhaltensprobleme haben ihren Ursprung in natürlichen Verhaltensweisen deines Hundes. Diese entwickeln sich dann weiter. Manchmal ist es nur etwas knifflig, den Ursprung zu finden.

Tatsächlich haben Hundebesitzer meistens ähnliche Probleme mit ihren Hunden. In diesem Kapitel wirst du vier häufige Verhaltensprobleme kennenlernen und erfahren, wie du diesen vorbeugen oder sie abtrainieren kannst. Denn: Unerwünschtes Verhalten kannst du mit Geduld abtrainieren.

Trainierst du an Problemen, musst du zwei Regeln im Hinterkopf behalten.
1. Immer auch an der Ursache arbeiten und nicht nur an den Symptomen und
2. Verhalten nie einfach nur „verbieten", sondern immer auch ein Alternativverhalten trainieren.

Betteln

Beim Essen ständig von einem sabbernden Hund angestarrt zu werden, kann ganz schön nervig sein. Um das Betteln abzugewöhnen, brauchst du Konsequenz. Eine ganze Menge Konsequenz. Das Sprichwort „Einmal ist keinmal" stimmt hier ganz bestimmt nicht. Dein Hund bettelt, weil sich dieses Verhalten für ihn lohnt. Wenn er damit aufhören soll, musst du dafür sorgen, dass es sich nicht mehr lohnt.

Das Hochspringen zur Begrüßung ist ein besonders häufiges Problem.

Ab jetzt darf es also nie mehr etwas vom Tisch geben. Einmal mit dem Anti-Bettel-Training angefangen, musst du es auch durchziehen.

Rangordnung klar machen?

Für deinen Hund sind feste Strukturen im Alltag wichtig. Futter sollte es zu geregelten Zeiten geben. Genau auf die Uhr gucken musst du aber nicht. Große Hunde bekommen mindestens zweimal am Tag ihr Futter. Die Futterzeiten deines Hundes haben jedoch nichts mit den Mahlzeiten von dir und deiner Familie zu tun. Mittlerweile weiß man, dass Hunde sich nicht als Rudelführer fühlen, wenn sie zeitlich vor dir etwas zu fressen bekommen.

Solange du mit deinem Hund das Nicht-Betteln trainierst, ist es sogar sinnvoll, ihn vor euren Mahlzeiten fressen zu lassen. Mit gefülltem Bäuchlein wird es ihm leichter fallen, sich neben dem Tisch zu entspannen. Halte durch! Manche Hunde sind ausdauernder als andere, aber letztendlich geben sie alle das Betteln auf.

Kleine Elster

Der Trick ist deinen Hund nicht in Versuchung zu führen. Stelle keine leckeren Sachen auf den Tischrand. Lasse deinen Hund nicht alleine mit Essen, das nicht für ihn gedacht ist. Du musst kein extra Training gegen das Stibitzen von Essen machen. Mach dir das Leben einfacher. Soll dein Hund nichts vom Tisch nehmen, bring ihn aus der Küche. Es ist nicht nötig, extra scharfe Sachen zur Selbstbestrafung auf den Tisch zu stellen. Dein Hund weiß schon, was von den Sachen auf dem Tisch gut und was schlecht schmeckt. Jeder Erfolg in Sachen Klau-Beutezug macht deinen Hund hartnäckiger. Also einfach Hund raus und Tür zu.

Hund auf der Couch?

Entgegen der weit verbreiteten Meinung ist es kein Problem, wenn der Hund auf die Couch oder ins Bett darf. Ein Hund, der es sich auf der Couch bequem macht, ist weder schlecht erzogen noch zeigt er seine Dominanz. Alles, was er zeigt ist, dass er die Couch gemütlich findet. Solange er sich leicht von der Couch schicken lässt, ist das kein Problem. Schläft der Hund nachts mit im

Wenn du das Gefühl hast, ernste Probleme mit deinem Hund zu haben, solltest du dir auf jeden Fall Hilfe von einem Hundetrainer holen.

Vargen hat gelernt, dass die Kante vom Flickenteppich ihre Grenze ist.

Übung

GÄSTE HÖFLICH BEGRÜSSEN

Wie man sich bei Besuch höflich benimmt, muss dein Hund erst lernen. Und zwar nicht nur, wenn Besuch kommt. Das kannst du schon vorher trainieren.

1. Du brauchst einen Helfer, der an der Tür klingelt. Gehe ruhig zur Tür, egal, was dein Hund macht. Wenn du an der Tür angekommen bist, drehe dich um und schenke deinem Hund deine ganze Aufmerksamkeit. Er soll verstehen, dass du in dieser schwer einschätzbaren Situation auf ihn aufpasst und er sich keine Sorgen machen muss.

2. Falls dein Hund gerne vor dir zur Tür stürmt, dann schiebst du ihn jetzt wortlos zurück. Vielleicht habt ihr einen Teppich vor der Tür. Dein Hund soll hinter diesem Teppich warten. Kommt er zu nah an die Tür, dreh dich um und schicke ihn zurück. Schicke deinen Hund dann ein Spielzeug holen, damit er seine Aufregung abbauen kann.

3. Während du die Tür öffnest und den Fake-Besuch begrüßt, soll dein Hund hinter dem (vielleicht nur imaginären) Teppich bleiben. Kommt er zu nahe, schiebe ihn zurück. Er soll lernen, dass du für ihn da bist, auch wenn Besuch kommt. Auf der anderen Seite darf er nicht verrücktspielen, nur weil Gäste da sind, denn du hast ihn auch im Auge, wenn du den Besuch begrüßt.

Bett, dann untergräbt das nicht deine „Rudelführerrolle“. Die hast du sowieso nicht, du bist nämlich kein Hund (Überraschung!). Frecher wird dein Hund dadurch auch nicht, im Gegenteil. Nähe ist wichtig, um eine starke Bindung zwischen euch aufzubauen. Je mehr Zeit ihr gemeinsam verbringt, desto mehr Vertrauen kann dein Hund zu dir aufbauen und du zu ihm. Auch Vargen schläft mit im Bett, unter anderem weil ich finde, dass sie tagsüber lange genug alleine ist.

Bellen, wenn es klingelt

Das Bellen ist ein Teil der Sprache deines Hundes. Er bellt, um sich seiner Umwelt mitzuteilen. Meistens möchte er sich dir mitteilen, auch wenn das auf den ersten Blick nicht so aussieht. Du solltest deinem Hund das Bellen also niemals verbieten, es ist seine Art zu sprechen.

Zum Beispiel bedeutet das aufgeregte Bellen, wenn es an der Tür klingelt zum einen „Geh weg!“, aber auch „Komm her!“. Das „Komm her“ ist natürlich für dich bestimmt! Du sollst kommen und deinem Hund helfen, die Situation richtig einzuschätzen. Ihn einfach bellen zu lassen, ist also keine Option. Bleibe ruhig und freundlich, um deinem Hund zu sig-

nalisieren, dass du alles im Griff hast. Wirst du laut, verunsichert ihn das nur oder es regt ihn noch mehr auf. Viele Hunde beginnen aufgeregt zu bellen, wenn es an der Tür klingelt. Die meisten Menschen sind davon genervt und mit der Situation „Besuch begrüßen und Hund beruhigen" überfordert, was schnell zu Wut führt.

Hier kommt noch eine weitere Möglichkeit, deinem Hund ein *Still*-Signal beizubringen.

Übung

STILL-SIGNAL

Als Signalwort kannst du zum Beispiel *Still* oder *Ruhe* nehmen. Vorsicht mit *Aus*, dieses Signalwort ist eher für das Hergeben von Dingen reserviert. Leider benutzen Nicht-Hundebesitzer Aus automatisch für beides: still sein und Dinge hergeben. Dann einfach darauf hinweisen, welches Verhalten dein Hund mit welchem Signalwort verknüpft hat.

1. Warte, bis dein Hund das nächste Mal beginnt zu bellen. Oder bring ihn dazu, zum Beispiel indem du jemanden an der Tür klingeln lässt.

2. Halte deinem Hund dann ein Leckerli vor die Nase oder lenke ihn anderweitig ab. Du brauchst nur eine Sekunde, in der er aufhört zu bellen. In der clickst du schnell mit dem Clicker und dann gibt es ein Leckerli. Wiederhole das fünfmal.

3. Dein Hund ist jetzt beim Bellen aufmerksamer für dich. Lenke ihn mit einer Bewegung oder Ähnlichem ab. Sobald er aufhört zu bellen, sagst du dein Signalwort, clickst und es gibt ein Leckerli. Wiederhole das, bis sich eine Verknüpfung gebildet hat.

Wie jedes andere Signal, wird auch dieses Signal nicht missbraucht, das heißt, streng ausgesprochen oder mit Gewalt durchgesetzt. Es ist immer wichtig, die Ursache des Bellens zu verstehen. Wenn dir diese nicht klar ist oder dein Hund wirklich übermäßig kläfft, solltest du auf jeden Fall einen Hundetrainer zu Hilfe holen. Bei den meisten Hunden klappt das *Still*-Signal jedoch gut. Denke daran, dass die Motivation groß genug sein muss, damit dein Hund auf das Signal reagiert. Es kann sein, dass deine gewöhnlichen Leckerlis nicht ausreichen, um deinen Hund genügend zu motivieren.

An der Leine ziehen

Ein besonders anstrengendes Problem. Dem kannst du zum Glück vorbeugen und es auch wieder abtrainieren, wenn sich dein Hund das Ziehen bereits angewöhnt hat.

AN DER LEINE ZIEHEN IST VOR ALLEM BEI GRÖSSEREN HUNDEN EIN WICHTIGES THEMA. Je schwerer dein Hund ist, desto anstrengender ist es für dich, ihn zu halten. Jeder Gassigang wird zur Tortur. Von Spaß kann dann keine Rede mehr sein.

Natürlich soll Gassi gehen Spaß machen und du solltest deinen Hund auch entspannt mitnehmen können. (Möglichst ohne ausgekugelten Arm.) Dein Hund sollte also mitlaufen und nicht stehen bleiben, nicht an der Leine ziehen und durchgehend auf dich achten. Das ganze nennt man Leinenführigkeit. Die Leine soll die meiste Zeit locker durchhängen. Wie kann dein Hund das nun lernen? Erstmal lernst wie immer zuerst du!

Die Leine

Um zu verstehen, warum dein Hund an der Leine zieht, musst du dir zunächst mal Gedanken über die Leine machen. Was ist so eine Leine? An sich ein Stück Schnur, schon klar. Jetzt binden wir das eine Ende an den Hund und das andere praktisch an uns. Damit wird unsere Schnur zu einer Beschränkung. Logisch, denn der Hund kann jetzt nur noch so weit von uns weglaufen, wie die Schnur lang ist. Wir schränken den Hund also in seiner Bewegung ein. Ein Hund ist ein Tier, das selbst sehr gut entscheiden kann, wo es wie schnell hinlaufen möchte. Warum also binden wir ihn mit der Leine an uns? Aus nur einem einzigen Grund: zur Sicherheit. Hunde können zum Beispiel die Gefahren des Straßenverkehrs nicht so gut einschätzen wie du. Die Leine schützt deinen Hund im Notfall, vor ein Auto zu laufen. Du siehst das Auto, bleibst stehen und dein Hund kann nicht auf die Straße laufen, weil die Leine straff ist. Aha! Die Leine wird also nur in Notfällen straff. Und das ist auch der wichtigste Punkt in der Leinenführigkeit: An der Leine wird nur von dir und nur in Notfällen gezogen.

Körperliche und psychische Verbindung

Die Leine ist also nicht dazu da, deinen Hund von etwas weg oder zu etwas hin zu ziehen. Wenn dein Hund schnuppert, ist das kein Notfall, also kein Grund, an der Leine zu ziehen. Die Leine ist eine Sicherheit, die greift, wenn eure psychische Verbindung das nicht mehr tut.

Kannst du die Hand hochnehmen, damit die Leine nicht schleift, passt alles.

Wenn du zum Beispiel mit deinem Hund im Wald unterwegs bist und er ein Reh sieht, dann würde er dein Stopp-Signal (Seite 46) vielleicht nicht ausführen. Dann ist die Leine da, damit dein Hund das Reh nicht jagen kann.

Beim Gassigehen ist die Leine zwar da, aber im Grunde ist sie unsichtbar. Dein Hund könnte auch ohne Leine mit dir Gassi gehen. Nur im Notfall wird sie sichtbar und straff. Warum ist das so wichtig? Weil eure psychische Verbindung viel wichtiger ist! Gerade wenn du einen sehr schweren Hund hast, wirst du sein Verhalten nur schwer körperlich beeinflussen können. Psychisch ist das möglich. Deinen Hund zu lenken, ohne die Leine zu straffen, ist das Ziel der Leinenführigkeit. Und sobald du deinen Hund ohne Leine führen kannst, wird die Leine überflüssig und ihr könnt sogar ohne Leine spazieren gehen.

Blöde Angewohnheit

Damit dein Hund ein Gefühl dafür bekommt, wie weit er vorauslaufen kann, ohne dass die Leine sich strafft, muss er wissen, wie lang die Leine ist. Wenn sich die Länge der Leine ständig ändert, hat er dazu keine Chance. Deshalb darfst du dir die Leine nicht um die Hand wickeln und so die Leine verkürzen. Das hast du sowieso nicht nötig, du kannst die Leine auch nur mit deinem kleinen Finger halten. Du weißt ja, Leinenführigkeit ist eine Kopfsache! Solange dein Hund nicht am Ende der Leine angekommen ist, darfst du sie nicht straffen. Darum deine Hand einfach auf Schulterhöhe halten, so lange die Leine locker ist, auch wenn das etwas bescheuert aussieht. (Es gibt eine Aus-

nahme, und zwar wenn es sich um eine gefährliche Situation handelt: Dann darfst du deinen Hund natürlich kurz halten – im Notfall ist eine straffe Leine erlaubt.) Mit der Leinenhand auf Schulterhöhe kann dein Hund auch nicht ständig über die Leine laufen und sich verheddern. Mit einem Geschirr passiert das übrigens nicht so schnell wie mit einem Halsband.

Leinenführigkeit trainieren

An der Leine ziehen ist ein Verhalten. Ein Verhalten, das dein Hund oft zeigt. Also muss sich dieses Verhalten für ihn offenbar lohnen. Wenn dein Hund zu einem Grasbüschel möchte, um zu schnuppern, dann zieht er an der Leine und kommt zu dem Grasbüschel. Deshalb lohnt es sich für ihn, an der Leine zu ziehen. Damit dein Hund das Verhalten „An der Leine ziehen" in Zukunft nicht mehr zeigt, darf es sich ab jetzt nicht mehr lohnen!

Übung

LEINENFÜHRIGKEIT I

Die erste Maßnahme zum Trainieren der Leinenführigkeit ist: Dein Hund kommt an eine längere Leine. Für deinen Hund ist es leichter, eine lange Leine locker zu halten als eine kurze. Im Training hast du mehr Zeit zu reagieren, weil dein Hund weiter weg laufen muss, um die Leine zu straffen. Nimm die längste Leine, die du hast. Am besten eine Schleppleine, oder du knotest mehrere Leinen aneinander.

1. Power deinen Hund zuerst aus, dann wird dem kleinen Energiebündel die Übung besser gelingen.
2. Jetzt rennst du mit der Leine in der Hand los und animierst deinen Hund mitzurennen. Deine Aufgabe ist es, deinen Hund wieder anzuhalten, bevor die Leine sich strafft. Du darfst dafür alles benutzen, was du willst. Sprache, Leckerlis, ganz egal. Natürlich darfst du selbst auch stehen bleiben. Hauptsache du schaffst es, ihn ohne Körpereinsatz (also die Leine) zum Anhalten zu bringen. Renne zu Beginn nicht ganz so schnell und nicht so weit. Je sicherer du deinen Hund anhalten kannst, desto später forderst du ihn zum Anhalten auf.
3. Wenn das Anhalten gut klappt, übe das Losgehen ohne Leineneinsatz. Warte, bis dein Hund stehen bleibt oder sich in einen Grasbüschel vertieft und übe, ihn ohne straffe Leine mitzunehmen.

Ziel dieser Übung ist es, dir mehr Selbstvertrauen zu geben. Nicht die Leine gibt dir die Sicherheit deinen Hund zu lenken, sondern du! Du kannst üben, deinen Hund unabhängig von der Leine zu lenken.

Gassi gehen neu definiert

Jetzt denkst du dir: „Aber dann komme ich keinen Meter weit. Sobald ich in die andere Richtung laufe, zieht mein Hund doch gleich wieder. Dann laufe ich nur vor unserem Haus hin und her.“ Dann ist das halt so! Gassi gehen bedeutet für dich ab jetzt nicht mehr, eine bestimmte Strecke zurückzulegen oder eine bestimmte Gassirunde zu laufen. Gassi gehen ist ab jetzt die Zeit, die dein Hund draußen in Bewegung verbringt. Wenn du also 30 Minuten lang nur vor deinem Haus hin- und herläufst, dann ist das so. Um deinem Hund das Leineziehen abzugewöhnen, musst du konsequent sein. Jedes Mal, wenn er zieht, drehst du dich um und läufst in die andere Richtung. Und zwar so lange, bis er wieder zieht – nicht von alleine wieder umdrehen!

Eine Flexileine ist übrigens keine gute Alternative für dich und deinen Hund, denn an ihr muss er ziehen, um vorwärts zu kommen. Er hat gar keine Möglich-

Übung

LEINENFÜHRIGKEIT 2

Damit sich das Leineziehen für deinen Hund nicht mehr lohnt, kommt er ab jetzt zu keinem einzigen Grasbüschel mehr, so lange die Leine straff ist. Generell kommt dein Hund an straffer Leine nirgendwo mehr hin. Mark und Mia zeigen das im linken Bild: Leine straff bedeutet ab jetzt: stehen bleiben!

1. Und wir setzen noch einen drauf. Sobald dein Hund die Leine strafft, kommt er nicht nur nicht mehr dahin, wo immer er gerade hin wollte. Er muss auch noch davon weglaufen. Im Klartext heißt das: Wann immer dein Hund die Leine strafft, drehst du dich wie Mark im rechten Bild sofort um und läufst in die entgegengesetzte Richtung weiter.

2. Beim Leinentraining ist es wichtig, dass du konsequent bleibst. Das Verhalten „An der Leine ziehen“ darf sich ab sofort nicht mehr lohnen. Auf der anderen Seite bietest du das Alternativverhalten an: Leine locker halten. Wenn dein Hund an einem Grasbüschel riechen möchte und die Leine dabei locker hält, dann bestärke dieses Verhalten, indem du ihn schnuppern lässt.

Übung

LEINENFÜHRIGKEIT 3 – FÜR PROFIS

Sobald dein Hund die Leine während des Spaziergangs die meiste Zeit locker hält, nimm einen Ball mit zum Gassigehen. Bis jetzt hast du die Leinenführigkeit nur unter geringer Ablenkung trainiert. Der Ball macht das Ganze etwas schwieriger.

1. **Bleibe stehen und bringe auch deinen Hund dazu, stehen zu bleiben. Dann rollst du den Ball ein kleines Stück aus der Reichweite deines Hundes.**

2. **Es gilt das Gleiche wie immer. Wird die Leine straff: Misserfolg. Dein Hund darf den Ball nicht bekommen. Schafft dein Hund es, die Leine locker zu halten, während ihr dem Ball hinterherlauft: Erfolg! Er darf den Ball tragen oder bekommt ein Leckerli.**

3. **Steigere die Schwierigkeit jeweils, nachdem du 60 Punkte (Seite 52) gesammelt hast. Rolle den Ball jetzt aus der Bewegung vor. Später wirfst du ihn immer weiter weg. Dein Hund will natürlich so schnell wie möglich zum Ball und soll lernen: Je lockerer ich die Leine halte, desto schneller komme ich ans Ziel – zum Ball.**

4. **Habt ihr den Ball gemeistert, kannst du neue Schwierigkeiten einbauen. Dein ganz großes Ziel könnte zum Beispiel sein, mit lockerer Leine an kläffenden Hunden vorbeizulaufen. Denke immer an die kleinen Schritte zum Ziel!**

keit, an einer lockeren Leine zu laufen, dabei fühlt sich das für Hunde viel entspannter an.

Die Ausnahmeregel

Wenn du mal schnell irgendwohin musst und keine Zeit zum Trainieren hast, gibt es eine Ausnahmeregel. Beim Üben der Leinenführigkeit, leinst du deinen Hund am Halsband an. Hast du keine Zeit oder auch mal keine Lust, konsequent zu sein, befestige die Leine am Geschirr. So kann dein Hund lernen, zu unterscheiden. Wenn dein Hund das Gehen an lockerer Leine am Halsband beherrscht, kannst du das Geschirr, auch wenn es schnell gehen muss, zu Hause lassen. Vargen läuft aber auch am Geschirr an der lockeren Leine.

Fragwürdige Methode: An der Leine rucken

An der Leine zu rucken, um deinem Hund Leinenführigkeit beizubringen, macht keinen Sinn. Wenn du an der Leine ruckst, dann hast du die Leine gelockert. Bei der Leinenführigkeit soll aber dein Hund die Leine locker halten und nicht du. Der Nacken ist außerdem ein sehr empfindlicher Bereich. Das Rucken tut deinem Hund weh. Deshalb solltest du auch darüber nachdenken, mit deinem Hund nur an Geschirren anstatt an Halsbändern Gassi zu gehen und zu trainieren.

An der Leine rucken ist eine fragwürdige Trainingsmethode. Trotzdem wird sie leider immer noch in vielen Hundeschulen vorgeschlagen.

Der Rückruf

Ein gut sitzender Rückruf ist eines der wichtigsten Signale, die dein Hund lernt. Lese hier, wie du es am besten aufbaust.

DAS KOMMEN AUF EIN SIGNALWORT IST OHNE FRAGE EINES DER WICHTIGSTEN SIGNALE ÜBERHAUPT. Sitzt das nicht richtig, können Hund und Mensch in gefährliche Situationen geraten. Ein gut funktionierender Rückruf ist in der Theorie selbstverständlich und zwingend notwendig, um den Hund überhaupt ableinen zu können – bei den meisten Teams sieht das in der Praxis aber anders aus. Schauen wir uns einmal an, woran das liegt.

Kommen ist ein Verhalten

Genau wie das Stopp-Signal ist auch der Rückruf ein Signal mit Facepalm-Potenzial. Du als frisch gebackener Hundepsychologe weißt jetzt: Das Signalwort wird immer mit genau dem Verhalten verknüpft, das der Hund in dem Moment, in dem du das Signalwort sagst, zeigt. Wann rufen die meisten Menschen ihre Hunde? Richtig, wenn sie weglaufen.

Wie beim Stopp-Signal gehen Menschen davon aus, dass ihr Hund plötzlich Deutsch spricht und weiß, was er tun soll. Natürlich ist der Rückruf ein Signal wie jedes andere und muss zunächst aufgebaut werden. Das Signalwort muss also mit dem Verhalten, das du sehen möchtest, verknüpft werden. Wenn der Rückruf nicht richtig aufgebaut wurde,

Übung

RÜCKRUF I

Rückruf-Signalwörter könnten *Hier*, *Zuhause* oder ein Pfiff sein. Gut geeignet sind Wörter mit Vokalen, damit du das Signalwort schön langgezogen rufen kannst. Aus *Hier* wird dann *Hiiieeer*.

Überlege dir Situationen, in denen dein Hund sowieso zu dir läuft. Zum Beispiel wenn du die Leine holst, deine Jacke anziehst oder zu seinem Futtersack gehst. Rufe ab jetzt immer dein Signalwort, während dein Hund zu dir kommt. Nicht davor! Kommen ist das Verhalten, dass du mit *Hier* verknüpfen möchtest - nicht das, was auch immer dein Hund davor macht. Damit dein Hund die Wiederholungen bekommt, die er für eine sichere Verknüpfung braucht, rufst du ab jetzt immer *Hier*, wenn dein Hund sowieso auf dem Weg zu dir ist. Übe das für mindestens zwei Wochen, bevor du mit Übung „Rückruf 2" anfängst. Je öfter, desto besser. Parallel zu deinem Rückruf-Training kannst du immer mal wieder *Hier* in diesen Situationen rufen, auch später, wenn dein Hund bereits eine Verknüpfung gebildet hat.

dann hat das Signalwort, mit dem du deinen Hund rufst, kein verknüpftes Verhalten bei ihm. Um den Rückruf neu zu trainieren, brauchst du unbedingt ein neues Signalwort – so musst du nicht gegen schon vorhandene Verknüpfungen trainieren.

Auf Nummer sicher gehen

Mit dem neuen Signalwort darf außerdem nicht das Gleiche passieren wie mit dem alten. Bei dem hat dein Hund nämlich gelernt „Ob ich jetzt komme oder nicht, ist eigentlich auch egal." Das gibt es ab jetzt nicht mehr. Jedes Mal, wenn du rufst, wird dein Hund kommen. Wie machst du das? Du rufst nur noch, wenn dein Hund kommt! Ja, du hast richtig gehört: Solange euer Rückruf-Training dauert, darfst du das neue Rückruf-Signalwort nicht benutzen, um deinen Hund zu rufen. Dein Hund wird dieses Wort nur hören, während er zu dir kommt. Das bleibt so lange so, bis sich eine stabile Verknüpfung gebildet hat. Natürlich muss dein Hund trotzdem Gassi gehen. Dafür machst du ihn an eine Schleppleine, denn im Moment hast du keine Möglichkeit, ihn zu rufen.

Kommen macht Spaß!

Das Kommen ist ein Verhalten, das du in Zukunft häufiger sehen möchtest. Also werden wir das Kommen jetzt positiv

Die goldenen Drei in der Hundeausbildung: Platz, Stopp-Signal und Rückruf.

verstärken. Zu dir zu kommen, soll deinem Hund Spaß machen. Das erreichen wir, indem du zu einer wandelnden Geschenktüte wirst. Wenn ihr mit dem Rückruf-Training fertig seid, wird dein Hund nur noch darauf warten, endlich von dir gerufen zu werden, damit er sich eine Belohnung abholen kann. Das Verstärken des Kommens ist ein bisschen kompliziert. Um richtig zu verstärken, musst du loben, während dein Hund das gewünschte Verhalten zeigt. Also während er kommt. Dabei ist dein Hund natürlich noch ein Stückchen weg, also müsstest du deinen primären Verstärker (Leckerli, Ball etc.) werfen. Das ist nicht so clever. Dein Hund könnte sich nach der Belohnung umdrehen und wieder weglaufen. Aber er soll ja letztendlich auch bei dir ankommen. Wir bräuchten also etwas, mit dem wir aus der Entfernung verstärken könnten. Na, klingelt es?

Ein Signal nur zu geben, wenn du 100 Euro darauf verwetten würdest, dass dein Hund es ausführen wird (100-Euro-Regel, Seite 48), ist bei dem Rückruf-

Übung

RÜCKRUF 2

1. Trainiere zunächst an einem Ort mit wenig Ablenkung. Du hast jetzt schon eine ganze Weile dein Signalwort gegeben, während dein Hund zu dir gekommen ist. Gib jetzt dein Signalwort und schau, ob sich bereits eine Verknüpfung bilden konnte. Falls nicht, zurück zu Übung „Rückruf 1".

2. Falls dein Hund kommt, konnte sich bereits eine erste Verknüpfung bilden. Diese Verknüpfung im Gehirn muss nun durch positive Verstärkung ganz fest werden, damit dein Hund später gar nicht mehr anders kann, als zu kommen.

3. Um deinen Hund schon im Laufen positiv zu verstärken, benutzt du den Clicker. Clicke während er kommt. Dein Hund weiß bereits, auf jeden Click folgt ein Leckerli. Das darf er sich nun bei dir abholen.

4. Wiederhole das *Hier*, Click und Leckerli, bis du deine 60 Punkte gesammelt hast (Seite 52). Denke auch daran, das *Hier* nur zu geben, wenn du 100 Euro darauf verwetten würdest, dass dein Hund kommen wird.

Signal besonders wichtig. Kommst du in Situationen, in denen die Ablenkung zu hoch ist, ruf deinen Hund einfach gar nicht. Jagd dein Hund zum Beispiel eine Katze und du könntest die 100 Euro nicht verwetten, dann rufe nicht. Zwar solltest du in Zukunft darauf achten, euch nicht mehr in so eine Situation zu bringen, aber jetzt dein Rückruf-Signal zu geben, würde euch im Training zurückwerfen. Dann würde das Gleiche wie mit eurem alten Rückruf-Signal passieren: Das Signal wird bedeutungslos und nicht mehr ausgeführt. Beherrscht dein Hund später das Rückruf-Signal sicher, kannst du ihn auch von einer Katze abrufen. Eine Katze ist nichts anderes als eine starke Ablenkung.

Übung

RÜCKRUF 3 – UNTER ABLENKUNG

Nachdem dein Hund eine sichere Verknüpfung zwischen *Hier* und Kommen bilden konnte, gilt es, die Ablenkung langsam zu steigern. In dieser Übung lernt dein Hund, dass er von den Leckerlis weg zu dir hinlaufen soll. Logisch, dass er zur Belohnung aber eines bekommt! Lass dir viel Zeit und benutze das Punktesystem von Seite 52.

1. **Nimm dir eine andere Person zu Hilfe. Gib deinem Helfer Leckerlis und lass ihn sie deinem Hund zeigen. Stell dich ohne die beiden etwas weiter weg und rufe dein Signalwort. Achte darauf, dein *Hier* stets nur einmal zu geben. Sobald dein Hund dich anschaut, clickst du. Lass dir dann von deinem Helfer ein Leckerli geben und belohne deinen Hund damit. Wiederhole Schritt 1 fünf- bis zehnmal.**
2. **Jetzt clickst du nur noch, wenn dein Hund auf dein Rückruf-Signal bei dir angekommen ist.**

Besser belohnen

Eine Ablenkung ist meistens etwas, das dein Hund gerne haben möchte. Die tollste Belohnung wäre für deinen Hund natürlich, wenn er genau das bekommt, was er haben möchte. In der Übung „Rückruf unter Ablenkung" hat dein Hund gelernt, von etwas, das er haben möchte, wegzulaufen, um es letztendlich zu bekommen. Das kannst du im Alltag benutzen, um besser zu belohnen. Rufst du deinen Hund zum Beispiel aus einem Spiel mit seinen Freunden und er kommt, ist wieder spielen zu dürfen eine bessere Belohnung als jedes Leckerli der Welt.

Fragwürdige Methoden

In dem ersten Hundebuch, das ich gelesen habe, meinte der Autor, Befehle über Leckerlis beizubringen, kann nicht funktionieren, weil der Hund nicht selbst entscheiden soll, ob er einen Befehl ausführt. Deshalb heißt es ja schließlich Befehl, der Hund MUSS es machen. Um

dem Hund *Sitz* beizubringen, sollte man seinen Po mit Gewalt zum Boden drücken und für *Platz* seine Vorderpfoten nach vorne ziehen. Mittlerweile hat sich in der Hundeausbildung viel getan. Vielerorts kommen wir von Gewalt und Schmerz in der Hundeausbildung zu einem respektvollen freundlichen Umgang mit unseren Hunden. Und das mit wissenschaftlich bewiesenen besseren Trainingsergebnissen. In meiner ersten Hundeschule brachten wir den Welpen Rückruf wie folgt bei: Erst wurde der Welpe gerufen. Wenn er nicht kam, wurde er an der Schleppleine Stück für Stück herangezogen. Der Hund sollte so lernen, dass er so oder so kommen muss. Eine Belohnung gab es dann allerdings nicht mehr.

Tatsächlich kann man einem Hund den Rückruf wie eben beschrieben beibringen. Seinem Ziel – ein fröhlicher Hund, der unsere Signale gerne befolgt – kommt man damit aber nicht näher.

Ein unter Zwang aufgebautes Signal wird dein Hund nie so gut und fröhlich ausführen wie ein zwangloses.

Auf einen Blick:

Probleme hat jeder einmal mit seinem Hund. Erst einmal ruhig bleiben! Es gibt für alles eine Lösung. Überlege zunächst, was die Ursache für das Problem ist. Entwickle dann einen Trainingsplan; der unterscheidet sich nicht von einem normalen Trainingsplan (Seite 54), wie du ihn schon kennst. Du brauchst einfach zwei Pläne: einen, um das unerwünschte Verhalten abzutrainieren, und einen zweiten, um das Alternativverhalten aufzubauen. Verhaltensprobleme abzutrainieren braucht viel Zeit und Ausdauer. Nimm dir nicht zu viel vor. Wenn du dich überfordert fühlst, hol dir Hilfe von einem Hundetrainer.

Übung

RÜCKRUF 4 – FÜR PROFIS

1. Wenn dein Hund auf dein Rückrufkommando freudig zu dir gelaufen kommt, beginne an anderen Orten, den Rückruf zu üben, um die Schwierigkeit zu steigern.

2. Klappt das gut, baue neue Ablenkungen ein, um den Schwierigkeitsgrad weiter zu steigern. Klappt der Rückruf mal nicht, drehe dich um und gehe in die Hocke. Locke deinen Hund zu dir und gebe dein *Hier* während dein Hund kommt. Dann Click und Leckerli. Bei deinem nächsten Training gehst du dann erst einmal eine Schwierigkeitsstufe nach unten. Dass dein Hund auf deinen Rückruf hin nicht kommt, darf nicht zu oft passieren. Lieber einmal zu wenig rufen als einmal zu viel.

In einem guten Training merkt der Hund nicht, dass er trainiert wird. Für ihn ist es ein riesiges Spiel.

Service

FAQ für ein glückliches Hundeleben

Hier findest du Antworten auf deine Fragen rund um dein Leben mit Hund und die artgerechte Haltung deines vierbeinigen Freundes.

Was kostet mein Hund?

Die Kosten für deinen Hund sind abhängig von seiner Rasse, seiner Größe, seiner Gesundheit und seinem Alter. Die Futterkosten können hier den Hauptteil der Kosten ausmachen (vor allem, wenn dein Hund groß ist oder teures Futter bekommt) und liegen bei circa 5–90 Euro im Monat. Dazu kommen jährliche Tierarztkosten zwischen 70 und 120 Euro nur für Impfungen und Wurmkuren, im Krankheitsfall mehr. Zusätzlichen fallen zwischen 30 und 200 Euro Hundesteuer im Jahr an – für sogenannte Listenhunde unter Umständen sogar deutlich mehr, so auch für Zweithunde. Darüber hinaus muss man unregelmäßige Kosten wie Urlaubsbetreuung, Spielzeug oder Hundeschule einkalkulieren. Auf dieser Seite findest du einen Rechner, der dir die Kosten für deinen Hund genau ausrechnet: http://www.tierverstand.com/haustierrechner.html. Die Kosten für eine Grundausstattung bei der Anschaffung liegen übrigens bei circa 100 Euro.

Was ist die Hundesteuer?

Die Hundesteuer ist eine Steuer, die man bezahlen muss, wenn man einen Hund besitzt. In der Regel kümmern sich deine Eltern darum, deinen Hund anzumelden. Wurde die Hundesteuer bezahlt, bekommt der Hund eine kleine Marke für sein Geschirr.

Was für Hundeversicherungen gibt es und welche brauche ich?

Die wohl wichtigste Versicherung ist die Hundehaftpflichtversicherung. Solange du noch nicht volljährig bist, haften deine Eltern für jeden Schaden, den dein Hund anrichtet. Sind andere Personen betroffen, fallen oft sehr hohe Kosten an. Die Haftpflichtversicherung übernimmt diese Kosten. In einigen Bundesländern ist die Hundehaftpflichtversicherung Pflicht.

Eine weitere sinnvolle Versicherung ist die Operationsversicherung. Nach einem Unfall mit einer starken Verletzung können beim Tierarzt schnell über 1000 Euro anfallen. Diese Versicherung macht besonders bei aktiven Hunden, die viel unterwegs sind, Sinn. Eine Hundekrankenversicherung lohnt sich bei Hunden, die zum Beispiel wegen einer Allergie oft teure Behandlungen benötigen. Sie ersetzt alle Kosten für Untersuchungen, Medikamente (auch für Wurmkuren und Impfungen) und eventuell auch für Operationen. Diese beiden Versicherungen sind keine Pflicht und du musst selbst entscheiden, ob du sie brauchst.

Wie viel Futter braucht mein Hund?

Die Futtermenge richtet sich nach Größe und Lebenssituation. Als Faustregel für den täglichen Energiebedarf gilt 57 kcal pro kg Körpergewicht. Online findest du verschiedene Futterrechner mit deren Hilfe du die perfekte Futtermenge für deinen Hund berechnen kannst.

Welches Futter soll ich meinem Hund füttern?

In erster Linie ist es wichtig, dass das Futter deines Hundes alle Nährstoffe enthält, die er braucht. Für welche Futterart du dich entscheidest, hängt von den Vorlieben deines Hundes und auch von deiner Zeit ab. In fertigem Trocken- und Nassfutter sind die Nährstoffe schon sichergestellt, allerdings solltest du darauf achten, dass kein oder nur wenig Getreide enthalten ist. Eine weitere Möglichkeit ist das Barfen, welches sich an den Fressgewohnheiten der Wölfe orientiert. Hier stellst du die Mahlzeiten aus frischem Fleisch, Innereien und Knochen selbst zusammen. Es kann nicht schaden, sich mit dem Thema Hundefütterung im Vorhinein ausgiebig auseinanderzusetzen.

Wie oft und wann sollte mein Hund Futter bekommen?

Mindestens zweimal am Tag. Wenn dein Hund größer ist, möglichst dreimal. Welpen und Hunde im Wachstum brauchen mindestens viermal am Tag Futter. Das mehrmalige Füttern verhindert ein Überfressen sowie Hunger, weil die Zeit bis zur nächsten Fütterung nicht so lang ist. Außerdem reduziert es die Gefahr einer gefährlichen Magendrehung, weil die Menge an Futter kleiner ist. Nach dem Fressen sollte dein Hund zwei Stunden ruhen. Wann du fütterst, ist dir überlassen. Dein Hund hat eine innere Uhr und wird dich wahrscheinlich sofort daran erinnern, solltest du ihn vergessen haben. Besser ist es dennoch, wenn du dir im Vorhinein einen Futterplan ausdenkst.

Wo bleibt mein Hund, während ich in der Schule bin?

Zu Hause, aber gut beschäftigt. Wenn dein Hund Trockenfutter bekommt, kannst du das morgens im Garten verstreuen. Außerdem solltest du Hohlspielzeuge füllen und verteilen, sodass dein Hund die Zeit, bis er dich endlich wieder hat, schnell rumbringen kann.

Wie lange bleibt mein Hund allein?

Möglichst wenig. Schon sieben Stunden täglich können einen erwachsenen Hund auf Dauer krank machen. Je länger dein Hund allein ist, bevor du aus der Schule kommst, desto mehr solltest du mit ihm nach der Schule unternehmen. Wie lange ein Hund stubenrein bleiben kann, hängt vom Hund ab.

Zum Weiterlesen

Adam, Corinna: KÖNNEN HUNDE LÄCHELN? ALLE ANTWORTEN ZUM HUND, Verlag Eugen Ulmer, 2010.

Lenz, Corinna; Schnepper, Christiane: LERNSPIELE FÜR WELPEN, Verlag Eugen Ulmer, 2016.

McConnell, Patricia B.: DAS ANDERE ENDE DER LEINE. WAS UNSEREN UMGANG MIT HUNDEN BESTIMMT, Piper, 2009.

Rauch, Liane: HUNDETRAINING OHNE WORTE. FÜHREN MIT DER LEEREN HAND, Verlag Eugen Ulmer, 2014.

Rauch, Liane: MEIN EINSTEIN AUF VIER PFOTEN, Verlag Eugen Ulmer, 2016.

Sundance, Kyra: 101 HUNDETRICKS, Verlag Eugen Ulmer, 2009.

Klicks im WWW

Trickdogging und Kunststücke für Hunde: www.hundetrick.de

Tricks und DIY-Projekte für Hunde: www.dogityourself.com

Krankheitssymptome und Erste-Hilfe-Maßnahmen bei Hunden: www.erste-hilfe-beim-hund.de

Wissenswertes rund um Hundehaltung: www.hunde-fan.de

Über die Autorin

Als ich 1998 in Berlin geboren wurde, war der erste Hund in meinem Leben bereits in der Familie. Herkules, ein Polski Owczarek Nizinni, der sich in fahrende Traktorenreifen verbiss und regelmäßig Postboten über den Zaun jagte. Meinen ersten eigenen Hund bekam ich mit 4 Jahren, einen American Cocker Spaniel, den ich Simba, nach meinem Lieblingsfilm König der Löwen, nannte. Es folgte Lokie, ein Siberian Husky, der seinem Namen alle Ehre machte. Simba und auch Loki durften beide im hohen Alter noch meine Labrador Retriever Hündin Vargen (gesprochen Wari), die ich mit 14 Jahren bekam, kennenlernen. Ich bin Vargen sehr dankbar – dafür, dass sie meine Liebe zu Hunden endgültig entfacht hat, für alles, was wir bereits zusammen erleben durften und auch für all die wundervollen (Hunde-)Menschen, die sie in mein Leben gebracht hat.

Ich freue mich über deine Fragen, Anregungen, Kritik oder Lob – kontaktiere mich gerne unter vargen364@gmail.com.

Dank

Danke Mama, dass du mir Vargen ermöglicht hast.

Schnell nachgeschlagen

Bildquellen

Titelfoto: Marion Schoening

Alle Fotos stammen von Marion Schoening, außer: Klappe vorne innen: 135pixels/Shutterstock.com (oben links), Moving Moment/Shutterstock.com (unten links), Leszek Glaser/Shutterstock.com (oben rechts), Michelle D. Milliman/Shutterstock.com (unten rechts)

Impressum

Die in diesem Buch enthaltenen Empfehlungen und Angaben sind von der Autorin mit größter Sorgfalt zusammengestellt und geprüft worden. Eine Garantie für die Richtigkeit der Angaben kann aber nicht gegeben werden. Autorin und Verlag übernehmen keine Haftung für Schäden und Unfälle. Bitte setzen Sie bei der Anwendung der in diesem Buch enthaltenen Empfehlungen Ihr persönliches Urteilsvermögen ein.

Der Verlag Eugen Ulmer ist nicht verantwortlich für die Inhalte der im Buch genannten Websites.

Bibliografische Information der Deutschen Nationalbibliothek

Die Deutsche Nationalbibliothek verzeichnet diese Publikation in der Deutschen Nationalbibliografie; detaillierte bibliografische Daten sind im Internet über http://dnb.d-nb.de abrufbar.

Wollgrasweg 41, 70599 Stuttgart (Hohenheim)
E-Mail: info@ulmer.de
Internet: www.ulmer-verlag.de
Lektorat: Antje Krause, Bettina Brinkmann
Herstellung: Isabell Scherrieble
Umschlag-Konzeption: Ruska, Martín, Associates GmbH, Berlin
Umschlag-Gestaltung: Anette Vogt, red.sign GbR, Stuttgart
Innenlayout und Satz: Anette Vogt, red.sign GbR, Stuttgart
Druck und Bindung: Westermann Druck, Zwickau
Printed in Germany

ISBN 978-3-8001-3347-5